14.-

Werner Kollath † Die Ernährung als Naturwissenschaft

Die Ernährung als Naturwissenschaft

Von Prof. Dr. med. Werner Kollath †

Mit 9 Abbildungen
und 8 Tabellen

3. Auflage

Karl F. Haug Verlag · Heidelberg

CIP-Kurztitelaufnahme der Deutschen Bibliothek

Kollath, Werner:
Die Ernährung als Naturwissenschaft / von Werner Kollath. — 3. Aufl. —
Heidelberg : Haug, 1981.
    ISBN 3-7760-0483-5

© 1967 Karl F. Haug Verlag, Heidelberg
Alle Rechte, einschließlich derjenigen der photomechanischen Wiedergabe
und des auszugsweisen Abdruckes, vorbehalten.
2. Aufl. 1978
3. Aufl. 1981
Verlags-Nr. 8105
ISBN 3-7760-0483-5
Gesamtherstellung: Konrad Triltsch, 8700 Würzburg

INHALT

Historische Vorbemerkungen	7
Einführung	8
Laßt unsere Nahrung so natürlich wie möglich!	13
Die Bedeutung der Tierversuche	15
Der Ernährungsvorgang als Ganzes und seine Phasen	16
I. Teil **Vom physikalischen Prozeß der Nahrungsaufnahme**	19
Die Bedeutung des Kauens	19
Die Aufnahme kleinster unverdauter Bestandteile aus dem Darm	22
II. Teil **Vom chemischen Geschehen bei der Nahrungsaufnahme**	26
Wie es zum ersten Vitaminversuch kam	26
Neuere Prüfungen der „Wissenschaftskost"	29
III. Teil **Vom biotischen Teil des Ernährungsvorganges**	32
Die Bedeutung der Mindestdiäten	32
Die alte Diät 18	33
Die neue Diät 18a und die Mesotrophie	34
Klinische und pathohistologische Reaktionen der Mesotrophie	36
Die Zahnuntersuchungen und die Untersuchungen des Skeletts	38
Das Unheilbare und der Verfall der bindegewebigen Organbestandteile	39
Die „innere Selbstversorgung" (Paraplasie) und die Lösung des Rätsels	40
Rachitis und rachitisähnliche Krankheiten	40
Finden sich solche Bedingungen in der menschlichen Ernährung?	42
Die Vervollkommnung der Diäten 18 bzw. 18a	43
Von einer unspezifischen Schutzwirkung der „Auxone"	45
Gibt es eine besondere pathogene Wirkung des isolierten Vitamin-B-Komplexes?	45
Die seuchenartige Ausbreitung der mesotrophischen Fehlernährung	45
Die Fern- bzw. Dauerwirkung der Nahrungsbestandteile über mehrere Generationen (Bernášek)	47
Mesotrophie und Rheuma	48
Die derzeitige wissenschaftliche Ernährungslehre und der Verfall der Bindegewebe bei der Mesotrophie	50
Das Frisch-Schrot-Gericht	51
Vorschläge für die wissenschaftliche Forschung	52
Die Krankenhausernährung	53
Verhältnis des Aufbau- und Abbaustoffwechsels während der verschiedenen Lebensalter	54
Bedeutung und Theorie der Redox-Potentiale	56
Biotische Bedeutung der Redox-Potentiale	59
Der „Überlebens-Faktor" von W. F. Koch	62
Quantität und Qualität in der Ernährung	64
Die Katzenversuche von Pottenger und Simonssen	66
Von den Milchkonserven	67
Vom Uperisieren	67
Das Eiweißproblem	68
Pflanzliches oder tierisches Eiweiß	69
Ernährungs- und Stoffwechselversuche beim Menschen	69
Die Versuche von Gigon	70

Das „Märchen" von der „spezifisch-dynamischen Eiweißwirkung" 72
Ernährung und Kleidung 73
Ein Speisekarten-Test 74

IV. TEIL **Vom Werden des Krankhaften** 75
Der Zeitfaktor und das Auftreten von Mangelerscheinungen 75
Die „verlängerte Lebenserwartung" und die Mesotrophie 77
Wie es zur Denaturierung der Vollkorngetreide kam 80
Mesotrophie und Menschheitsgeschichte 81
Lebenserwartung 84
Der beginnende Rückgang der „verlängerten" Lebenserwartung 85
Die verminderte Wehrtauglichkeit 87
Ernährung und Akzeleration, ein Stoffwechselproblem 88
Die Zukunft der menschlichen Ernährung 89
„Getreide und Mensch – eine Lebensgemeinschaft" 91
Historische Bemerkungen 92
Schlußwort 95

Anhang I 99
Anhang II 99
Anhang III 100

Literatur 101

Verzeichnis der Abbildungen

Abb. 1 Blutzuckerkurven bei gewöhnlichem Frühstück und bei „Kollath-Frühstück" 20
Abb. 2 Wirkung der alten Diät 18 (denaturiertes Casein) 33
Abb. 3 Wirkung der neuen Diät 18a (natives, weißes Casein) mit Äher extrahiert 36
Abb. 4 Wirkung der neuen Diät 18a + Vitamin B_1: Mesotrophie 37
Abb. 5 Wirkung von zwei Vitamingemischen I (klassische Vitamine)
und II (Vitamin-B-Komplex) und Getreide 43
Abb. 6 Intensität des Aufbau- und Abbau-Stoffwechsels 55
Abb. 7 Lebensdauer in Jahren und Mangelkrankheiten 76
Abb. 8 Verlängerte Lebenserwartung zwischen Gesundheit und Hunger
(vergleichende Kurven) 79
Abb. 9 Geschichte, Lebenserwartung und Mesotrophie, eine vergleichende
Darstellung 82

Verzeichnis der Tabellen

Tabelle 1: Zusammensetzung der alten Diät 18 (denaturiert) 33
Tabelle 2: Zusammensetzung der neuen Diät 18a (Mesotrophie-Diät) 34
Tabelle 3: „Vollwertige" und doch unvollkommene Rattendiät nach BERNÁŠEK . 47
Tabelle 4: Übersicht über Redox-Potentiale vereinfacht 59
Tabelle 5: Physikalische Ordnung der Redox-Systeme 60
Tabelle 6: Medizinische Ordnung der Redox-Systeme und Krankheiten 61
Tabelle 7: Durchschnittliche Lebenserwartung an Jahren der Bevölkerung im
Bundesgebiet nach Geschlecht und Alter 85
Tabelle 8: Nährstoffverluste bei Tieraufzucht (nach NEUMANN-PELSHENKE) . . 90

HISTORISCHE VORBEMERKUNGEN

Die ärztliche Forschung des letzten Jahrhunderts hat zwei Höhepunkte zu verzeichnen: die Entdeckung der l e b e n d e n K r a n k h e i t s e r r e g e r als U r s a c h e n a t ü r - l i c h e r K r a n k h e i t e n, und die Entdeckung der V i t a m i n e und ihrer Zerstörung als Ursache von K r a n k h e i t e n, d i e d u r c h F e h l e r d e s M e n s c h e n entstehen. Die ersteren können wir weitgehend bekämpfen und haben dadurch den Seuchentod in den meisten Fällen so eingeengt, daß die Menschen dem bis dahin schicksalshaft eintretenden zu frühen Tod entgingen, und länger leben konnten. Das ist aber kein Beweis einer gesteigerten Gesundheit.

Bei den Mangelkrankheiten hat man sich bisher nahezu ausschließlich auf kurzfristig auftretende, meist lebensgefährliche Krankheiten wie Skorbut oder Beriberi beschränkt. Epidemiologisch ist aber sicher, daß diese Krankheiten seuchenhaft auftreten, wenn sie mit Hunger, besonders an Eiweiß, verbunden sind. Dieses Eiweiß kann quantitativ oder auch qualitativ unzureichend sein.

Die Bedeutung dieses Umstandes kann man durch Rattenversuche studieren, weil die Ratten als Allesfresser dem Menschen physiologisch sehr nahe stehen. Eine Kritik der herrschenden Vitaminforschung führt zu dem Resultat, daß nahezu alle Versuche mit synthetischen Diäten durchgeführt werden, deren E i w e i ß „d e n a t u r i e r t" ist, also die Vorbedingungen erfüllt, wie sie bei dem seuchenhaften Auftreten der klassischen Mangelkrankheiten erfüllt sein müssen.

Ändert man diese Komponente, indem man statt des denaturierten Eiweißes (Caseins) hochwertiges, möglichst naturbelassenes Eiweiß, z. B. Rohcasein, gibt, dann treten diese klassischen Mangelkrankheiten nicht mehr auf, vielmehr kommt es zu einer völlig neuartigen Reaktion: die Ratten benötigen zur Erhaltung des Lebens dann von allen Vitaminzulagen nur das B_1, die Mehrzahl der anderen bekannten Vitamine ist wirkungslos. Trotzdem leben solche Ratten bis zu 3 Jahren (= 90 Menschenjahre). Sie sind aber nicht „gesünder" geworden, sondern weisen einen großen Komplex von organischen Veränderungen auf, die verbunden sind durch einen „Verfall der Bindegewebe". Für diesen bis dahin unbekannten chronischen Zustand habe ich die Bezeichnung „Mesotrophie" 1942 vorgeschlagen.

Die üblichen Vitaminzugaben konnten dies nicht verhindern, wohl aber die Zugabe von Vollkornprodukten, die neben dem sogenannten Vitamin-B-Komplex noch andere, chemisch bisher unbekannte Faktoren enthalten. Für diese unbekannten Faktoren wurde die Bezeichnung „Auxone" vorgeschlagen, da sie für die Zellvermehrung unbedingt notwendig sind: „Vermehrungsstoffe für Menschen und Tiere."

Ohne diese Auxone treten chronische Krankheiten auf, die den menschlichen Zivilisationskrankheiten sehr ähnlich sind. Es wiederholt sich also, was bei der Ätiogenese des Skorbuts und der Beriberi geschah: zuerst war der Tierversuch da, dann die Nutzanwendung für die Ätiologie und Bekämpfung der menschlichen Krankheiten.

Die Prüfung der Zivilisationskost, die reichlich hochwertiges Eiweiß enthält aber einen Mangel an Auxonen aufweist, hat ergeben, daß dabei beim Menschen der gesamte Komplex, der bei den Ratten beobachtet wurde, ebenfalls auftreten kann. Er läßt sich nicht durch bekannte Vitaminzugaben verhindern, wohl aber durch regelmäßige Ernährung mit Vollkornprodukten in verschiedener Zubereitung. Dieser Erfolg ist sehr einfach zu erreichen, auch wenn die Faktoren chemisch noch unbekannt sind.

In diesem Buch wird die Geschichte der Mesotrophie und der Auxone behandelt, und es wird gezeigt, daß mit diesen Versuchen ein entscheidender Schritt zur Annäherung an die natürlichen Eigenschaften der Lebensmittel getan ist. Die Menschen haben jetzt die Wahl, die bisherigen Fehler beizubehalten und chronisch zu erkranken, oder durch eine einfache Änderung ihrer bisher unvollkommenen Ernährung wirklich gesünder zu werden. „Sein oder Nichtsein, das ist die Frage."

EINFÜHRUNG

Im Bereich der belebten Natur gibt es zwei Grundphänomene, von deren Erfüllung die Erhaltung des Lebens auf der Erde abhängt:
1. Die E r h a l t u n g d e r A r t e n durch eine Vermehrung der einzelnen Lebewesen, und
2. Die G e s u n d e r h a l t u n g d e r e i n z e l n e n l e b e n d e n I n d i v i d u e n. Nur so können sie auf die Dauer ihre Aufgabe an der Erhaltung der Art erfüllen.

Die Erhaltung der Arten ist an Naturgesetze gebunden, durch die die notwendigen Gleichgewichte zwischen Entstehen und Vergehen gewährleistet werden. Diese Naturgesetze, in die alle Lebewesen einbeschlossen sind, stehen über allem was geschieht, so lange, bis sie nicht durch Eingriffe des Menschen gestört werden. Oft geschieht es, daß die Einsicht in begangene Fehler zu spät kommt, und daß Tierarten ausgerottet werden. Diese Fehler zu vermeiden wäre erst möglich, wenn der Mensch seine ihm zugeschriebene Rolle in der Natur verstanden und zu erfüllen gelernt hat. Sie besteht darin, daß er n i c h t d e r H e r r d e r b e l e b t e n N a t u r i s t, s o n d e r n d e r o b e r s t e D i e n e r; er soll der Beachtung der Erhaltung des Lebens und der Arten dienen. Dazu gehört Weisheit und an dieser Weisheit fehlt es überall, wo die Erfahrungen der früheren Generationen in Gestalt der Traditionen mißachtet werden. Nicht die Natur ist die Zerstörerin des Lebens, sondern der Mensch; wenn dessen n e g a t i v e Eigenschaften, wie ungezügelte Triebe, Gewalt, Machtstreben und rücksichtslose Ausnutzung der gesamten Umwelt die p o s i t i v e n Eigenschaften wie Moral, Ethik und Religion überwiegen. An die Stelle eines Zusammenlebens tritt Kampf und Tod.

Man kann aus der Kulturgeschichte des Menschen leicht ersehen, daß der Mensch diese Stufe der Weisheit noch nicht erreicht hat, und in seiner sogenannten Geschichte (= Historie) bietet er zahlreiche Beispiele, daß er nicht nur die anderen Lebewesen, sondern auch seine eigene Art dauernd schädigt. Sehr selten sind jene Menschen, die ihr Leben dazu verwenden, sich für das Recht des Lebens nicht nur der Menschen, sondern auch der Tiere und Pflanzen einzusetzen. Es wäre a u s s i c h t s l o s, in der Gegenwart eine Änderung herbeizuführen. Dazu ist der Mensch noch nicht reif genug. Vielleicht muß erst eine größere allgemeine Not kommen, irgendeine Naturkatastrophe, um die Menschen zur Besinnung zu bringen?

Anders liegt dies bei der Aufgabe, zur Gesunderhaltung der Menschen selbst beizutragen. Hier sind uns in der Tat wirksame Mittel in die Hand gegeben, wenn wir durch unvoreingenommene Forschung und nicht endende Mühe uns dieser Aufgabe widmen. Doch auch hier liegen unmittelbare Gefahren vor, weil Gewinnsucht, Machtstreben, Unaufrichtigkeit, Unwahrheit meist mächtiger sind als Bescheidenheit, Gewaltlosigkeit, Ehrlichkeit und gegenseitiges Vertrauen. Diese Eigenschaften treten erst hervor, wenn äußere Not dazu zwingt. Erst dann tritt das „Gesetz der gegenseitigen Hilfe" im Sinne Peter Kropotkins in Erscheinung. Not lehrt beten!

Wenn frühere Generationen letzten Endes darauf angewiesen waren, die in Tausenden von Jahren erworbenen Traditionen zu berücksichtigen, so ist im Laufe der letzten 500 bis 600 Jahre eine neue Macht dem Menschen in die Hand gegeben: die zielbewußte Beobachtung der Natur und aller ihrer Eigenschaften. Namentlich im letzten Jahrhundert haben die dabei entstandenen N a t u r w i s s e n s c h a f t e n einen früher niemals erreichbaren Hochstand erreicht. Doch auch dieser hat nicht nur Nutzen gebracht, sondern ist mit vielfachen neuartigen Schäden verbunden. Das liegt daran, daß der naturforschende Mensch es bisher noch nicht gelernt hat, die Gesetze der l e b e n d e n Organismen in ihrer Eigenart zu erforschen, sondern sich bisher damit hat begnügen müssen, mittels Physik, Physikochemie und Chemie jene Hilfsmittel zu untersuchen, ohne die das Lebendige nicht auskommen kann, die aber zwar H i l f s m i t t e l d e s L e b e n d i g e n s i n d, aber nicht mit dem Leben selbst identisch sind. Man ist seit mehr als 200

Jahren kaum über die Auffassung hinausgekommen, daß das Tier eine Maschine ohne Seele, der Mensch aber eine Maschine mit Seele ist. Daraus entstand der Materialismus, der unentwegt auch heute noch das durchschnittliche Handeln bestimmt. Die unleugbaren neuen Erkenntnisse der Physik und Chemie, ihre Nutzanwendung in der Technik und Industrie haben darüber hinweggetäuscht, daß alles was dabei produziert werden kann, nur unbelebte, tote Produkte = Maschinen oder Apparate sind, und daß auch die höchstentwickelte und verfeinerte Technik kein Leben aus Totem zu erzeugen vermag.

Trotzdem hat man sich bei der Erforschung der Lebensfunktionen weitgehend auf physikalische und chemische Prozesse beschränkt, der Eigenart des Lebens aber keine entsprechende Beachtung geschenkt. So ist es gekommen, daß „Leben zwar in der Natur besteht, in der Naturwissenschaft aber keine gebührende Beachtung findet." Man überläßt es sich selbst, im Vertrauen, daß Fortpflanzung und Gesundheit „von selbst" erfolgen. So besteht in der Naturforschung eine große Lücke, die zwischen Physik und Chemie klafft. Es ist nicht so, als ob man das Leben etwa völlig unbeachtet läßt, aber man hat vergessen, ihm seine beherrschende Rolle zuzuerkennen und demgegenüber die toten Hilfsmittel in den Vordergrund gestellt. Daraus sind zahlreiche Mängel und Schäden entstanden, die bereits einen solchen Umfang angenommen haben, daß Erde, Wasser und Luft „zunehmend denaturiert" sind, so daß diese unentbehrliche **Umwelt ein unnatürlicher Gefahrenherd** geworden ist.

Es gibt zwar die Gebiete der Biologie in ihren verschiedenen Gestalten, doch führen sie mehr ein Einzeldasein. Es fehlt die Zusammenfassung zu einem **dritten großen Teilgebiet der Naturforschung**, die mindestens gleichwertig neben Physik und Chemie herrscht. Der Verfasser hat an anderer Stelle den Vorschlag gemacht, alles, was dem Leben insgesamt eigentümlich ist, unter dem **Begriff der „Biotik"***) zusammenzufassen und darunter **alles zu verstehen, was im Unbelebten nicht vorkommt, dafür aber allem Belebten unspezifisch eigentümlich ist.**

Es sind nur wenige Grundbegriffe, diese sind aber von größter Tragweite. Die oberste Eigenschaft ist die Fähigkeit alles Belebten, einen dauernden **Kampf gegen die Schwerkraft** und das Unbelebte zu bestehen. Während alles Unbelebte bedingungslos der Schwerkraft im weitesten Sinne zwangsläufig folgen muß, besitzt das einzelne Lebewesen die Fähigkeit, eine **Eigenbewegung** aus freien Stücken auszuüben. **Das Leben ist frei!**

Es bleibt so lange im Besitz dieser Freiheit, wie es gesund ist. Läßt die Gesundheit nach, tritt die Schwerkraft ihre Herrschaft an und der Tod ist die Folge.

Hier liegt auch das größte ungelöste Rätsel, wie es der lebenden Substanz möglich ist, diese Macht gegenüber der Schwerkraft auszuüben. Viele Beobachtungen sprechen dafür, daß es bisher noch unbekannte chemische Stoffe gibt, die diese Fähigkeit besitzen, eine Umwandlung der Gesetze der unbelebten Energie in die Kräfte des Belebten zu ermöglichen. Man kann an die Möglichkeit denken, daß es sich um die sogenannten Maxwellschen „Dämonen" handelt, die in der Lage sind, aus den verschieden schnellen Elektronen die schnellsten abzufangen und der lebenden Zelle nutzbar zu machen (siehe MASON Seite 587). Es ist dies ein Problem der Atomphysik, das bisher nur von wenigen Forschern erkannt ist, dessen Lösung aber unmittelbar dazu beitragen würde, das Problem des Lebendigen wenn nicht zu lösen, so doch zu verstehen. Es wäre dies eine bisher unbeachtete Erscheinung in der Natur, die von außerordentlichen Folgen begleitet werden könnte. Und die Atomforschung, die bisher lebensfeindliche Produkte liefert, könnte dann lebensfreundlich werden. Eine Aufgabe für die Zukunft, aber eine lohnende Aufgabe.

---

*) Im gleichen Sinne, wie HUFELAND das Wort „Makrobiotik" gebraucht.

Diese rätselhaften hypothetischen Faktoren müssen in jedem Lebewesen vorhanden sein, und so dürften sie sich in jenen Produkten am reichsten ansammeln, die zur Entstehung neuen Lebens, neuer Pflanzen notwendig sind; in den S a m e n und G e schlechtszellen in erster Linie.

Sie werden nicht durch physikalische extraterrestrische Strahlen wirksam oder sind mit diesen identisch, sondern sind auf unserer Erde reichlich in m ö g l i c h s t n a t u r n a h e n L e b e n s m i t t e l n vorhanden. So ist dieses große und uns so fremde Gebiet mit der Ernährung verbunden, und damit sollte es im Zentrum der Ernährungslehre stehen. Dies zu beweisen ist ein Hauptzweck dieses Buches.

Dieses unbekannte Prinzip, das sich auf einen so bedeutenden Forscher wie MAXWELL stützen kann und von diesem zuerst theoretisch diskutiert worden ist, muß ein Bestandteil der Natur sein, hat aber noch keine Beachtung gefunden. Es dürfte eine Hauptaufgabe der Forschung in den nächsten Jahren und Jahrzehnten sein, und mindestens gleichberechtigt neben der bisherigen Atomforschung Gültigkeit haben.

Hier darf an ein Wort von Justus VON LIEBIG aus einem Briefe erinnert werden, den er 1831 an WÖHLER geschrieben hat:

„Unsere heutige Naturforschung beruht auf der gewonnenen Überzeugung, daß nicht allein zwischen zwei und drei, sondern zwischen allen Erscheinungen im Mineral-, Pflanzen- und Tierreiche, welche zum Beispiel das Leben auf der Oberfläche der Erde bedingen, ein gesetzlicher Zusammenhang bestehen, sondern daß keine für sich allein sei, sondern immer verkettet mit einer oder mehrerer anderen, und so fort, alle miteinander verbunden, ohne Anfang und Ende, und daß die Aufeinanderfolge der Erscheinungen, ihr Entstehen und Vergehen, wie eine Wellenbewegung in einem Kreislauf sei. Wir betrachten die Natur als ein Ganzes, und alle Erscheinungen zusammenhängend wie die Knoten in einem Netz. Denn w o h e r s o l l t e m a n s o n s t s e i n e P r o b l e m e n e h m e n , w e n n n i c h t a u s d e r N a t u r ."

Gegenüber dieser eindeutigen Aussage LIEBIGs hat man heute auf dem Ernährungsgebiet die Parole ausgegeben: „D e r B e g r i f f d e s N a t ü r l i c h e n m u ß a u s d e r w i s s e n s c h a f t l i c h e n E r n ä h r u n g s l e h r e e l i m i n i e r t w e r d e n " (KÜHNAU). Das muß schneller oder langsamer zu Krankheiten führen. Denn diese partielle Erkenntnis ist unvollkommen, folglich auch die Praxis.

Die wissenschaftliche Forschung ist abhängig von dem Grade der experimentellen Technik, verändert sich also dauernd und muß sich verändern. Sonst könnte es keine neuen Erkenntnisse geben. Und diese neuen Erkenntnisse können nur aus der Natur stammen, nicht willkürlich ausgedacht sein. Wohl aber ist es möglich und zulässig, über die noch unbekannten Möglichkeiten nachzudenken und sie zu diskutieren. Nur so kann man neue, gezielte Versuche anstellen und von der Natur ein „Ja" oder ein „Nein" als Antwort erhalten. Wenn die Antwort „vielleicht" lautet, ist die Fragestellung nicht richtig gewesen und man muß weiter suchen.

Eine vernünftige Entwicklung der Forschung beruht auf einer fortdauernden D i s k u s s i o n , bei der gleichberechtigte Teilnehmer ihre verschiedenen Ansichten austauschen und dann Versuche anstellen. Es hat sich aber eine zweite Verfahrenstechnik entwickelt, daß man eine solche Diskussion nur unter jenen Fachleuten anerkennt, die sich im Bereich des Anerkannten bewegen. Wenn aber sogenannte „Außenseiter" andere Ansichten äußern, dann bezeichnet man solche Kritik als „Polemik" und diese wird abgelehnt. Die Geschichte der Forschung hat jedoch gezeigt, daß wirklich bedeutende neue Erkenntnisse von den „Außenseitern" oft maßgebend beeinflußt und nur durch sie möglich sind. Es wäre zweckmäßiger, vom Gewohnten abweichende Meinungen stets zu prüfen. Sie könnten doch richtig sein oder lassen sich experimentell widerlegen.

Ungemein schwer ist es hingegen, eine anerkannte Meinung als falsch zu beweisen, weil diese falsche Meinung von der Annahme ausgeht, daß das Falsche wahr sei, das Richtige aber falsch (nach LIEBIG). Dazu bedarf es einer offenen Diskussion und Veröffentlichung der Versuchsresultate. Und dann bedarf es dazu der erforderlichen Zeit.

Im Zweifel ist aber stets anzunehmen, daß unser Wissen unvollkommen ist, und daß es vervollständigt werden muß. Das ist von jeher ein ungeschriebenes Gesetz bei der ernsthaften Forschung gewesen. Es mögen dazu einige maßgebende Zitate angeführt werden:

Erasmus VON ROTTERDAM [1465–1536] hat gesagt: „Bei den gelehrten Auseinandersetzungen sollte nichts Unerhörtes oder Gewagtes dabei sein, wenn jemand etwas Neues zur Sprache spräche" (HUIZINGA, Seite 253).

HUIZINGA selbst spricht von „gewissen Spielregeln, die die Wissenschaft einem Wettkampf nicht unähnlich machen. „D i e W i s s e n s c h a f t , einschließlich der Philosophie, i s t i h r e r W e s e n s a r t n a c h p o l e m i s c h und das Polemische ist von dem Agonalen nicht zu scheiden" (agonal kommt vom Griechischen „agone" = Wettkampf).

Und der Engländer MASON sagt in seiner „Geschichte der Naturwissenschaften": „Wissenschaft war immer revolutionär und heterodox; es ist gerade ihr innerstes Wesen so zu sein, sie hört auf so zu sein, allein dann wenn sie schläft" (George SARTON, nach MASON, Seite 691).

Man kann noch weiter zurückgehen, zum Beispiel zum Dialog PLATONS „Gorgias", in dem die verführerische Leistung eines Vielwissers und guten Redners auf die weniger beschlagenen Zuhörer geschildert wird und SOKRATES den GORGIAS mattsetzt. In der Gegenwart, in der die Fülle der „Informationen" die Entstehung solcher Vielwisser, auch in Gestalt der Computer geradezu technisch hervorruft, ist der Hinweis auf diese alten Autoren notwendig, sei es auch nur, um Zweifel an der Berechtigung dieser heutigen Verhaltensweisen zu erwecken.

Die Wissenschaft, insofern sie eine wirkliche Wissenschaft von der Natur sein will und nicht nur ein Wissen von der Wissenschaft, muß wieder zu offenen Diskussionen und zur Polemik übergehen, wenn sie aufwachsen soll und neuen Erkenntnissen offen stehen will.

LASST UNSERE NAHRUNG SO NATÜRLICH WIE MÖGLICH!

Diese bekannte Forderung des Verfassers ist die Folge rein logischen Denkens und der schlechten Erfahrungen, die mit den einseitig veränderten Nahrungsmitteln beim Menschen gemacht worden sind, möge die Veränderung mechanisch oder chemisch gewesen sein. Dabei soll keineswegs eine ausschließliche Ernährung mit einer völlig unveränderten und unbehandelten Nahrung gefordert oder angeraten werden, sondern in den beiden letzten Worten „wie möglich" liegt die Folgerung, daß man die Nahrung zwar verändern kann oder auch muß, daß uns aber G r e n z e n gezogen sind. Das ist bei allen Lebensmitteln verschieden und diese Grenzen muß man studieren und beachten lernen. Darin liegt die Aufgabe einer „natürlichen Wissenschaft von der Ernährung".

Es ist doch so einfach, zu erwägen, daß es trotz aller Forschung unmöglich ist, alle – ausdrücklich alle! – Bestandteile der Nahrung kennen zu können, und alle diese Bestandteile vielleicht synthetisch so zusammenzusetzen, daß „Gesundheit" die notwendige Folge sein muß. Denken wir nur an die etwa 50 Elemente, etwa 30–40 Vitamine, Hunderte von Fermenten usw., dazu die unabsehbaren Mengen von Eiweißarten, von Genen, um einzusehen, daß es unmöglich ist, künstlich solche Produkte herzustellen. Hingegen entsteht dann, wenn es uns gelingt die Böden durch richtige Düngung wirklich fruchtbar zu machen und zu halten, alles was wir nötig haben von selbst, abhängig von den verschiedenen Genen unserer Nahrungspflanzen. Und von diesen Pflanzen sind die Tiere in ihrer Gesundheit abhängig, von beiden aber wir, die Menschen, selbst. Es hat sich gezeigt, daß es sehr schwierig ist, die physiologische Bedeutung der einzelnen Nahrungsbestandteile genau zu kennen. Nach neuesten Untersuchungen, über die im folgenden auch berichtet wird, können manche Mängel erst in der 3.–4. Generation auftreten und dann zum Aussterben führen. Andererseits erweist sich die rein chemische Untersuchung der Lebensmittel als unzureichend, weil im Beginn der Nahrungsaufnahme m e c h a n i s c h - p h y s i k a l i s c h e Vorgänge stehen, von denen die Wichtigkeit des Kauens längst bekannt ist, der zweite zwar seit über 100 Jahren bekannt, in seiner B e d e u t u n g a b e r n i c h t v e r s t a n d e n ist. Das scheint erst kürzlich gelungen, wie sich aus den Arbeiten von HAUBOLD ergeben hat (s. S. 24). Hier liegen die wesentlichen Aufgaben aber noch in der Zukunft.

Ferner konnte nachgewiesen werden, daß bei der Verwertung der aufgenommenen Nahrung der lebende Organismus nicht nur eine chemische Fabrik ist, sondern eine höchst komplizierte Verteilung der aufgenommenen Stoffe von Organ zu Organ aufweisen kann, derart, daß die lebenswichtigen Funktionen dadurch versorgt werden, daß die benötigten Stoffe w e n i g e r l e b e n s w i c h t i g e n O r g a n e n e n t z o g e n w e r d e n. Diese letzteren können dadurch dazu beitragen, daß vorübergehende Mangelzustände symptomatisch ausgeglichen werden. Insofern handelt es sich um ein allgemeines biotisches Gesetz, dessen Bedeutung erst jetzt durch besondere Versuchsanordnungen erkannt werden kann.

Dabei spielt eine ausschlaggebende Rolle, daß a u s r e i c h e n d E i w e i ß i n b e s t e r Q u a l i t ä t gegessen wird. Dieses Eiweiß ist dann trotz höchst einfacher Diät zwar in der Lage zur Erhaltung des Lebens beizutragen, kann aber diese Aufgabe nur dadurch erfüllen, daß der soeben genannte Prozeß der „inneren Selbstversorgung" und „Steuerung" unerkannt mitwirkt. Fehlen nun unbekannte Stoffe, dann können diese Mängel im Verlauf von Jahren bis Jahrzehnten bemerkbar werden und Prozesse, die wir bisher als Alterskrankheiten bezeichnen, sind dann eigentlich c h r o n i s c h e M a n g e l k r a n k h e i t e n.

Nach Versuchen von BERNÁŠEK erstrecken sich diese Prozesse über mehrere Generationen, so daß letzten Endes wohl nur einige wenige Moleküle sich als Träger der Gesundheit erweisen werden. Alles dieses sind natürliche Eigenschaften der lebenden Substanz, und gehören zu einer vollwertigen, natürlichen Ernährungslehre.

Es muß anheimgestellt werden, ob es noch mehr unerkannte Funktionen gibt, doch wird man über den richtig verstandenen Begriff des „Natürlichen" kaum hinausgelangen können.

Ein weiterer Prozeß der in diese Fragen gehört, ist der der sogenannten „verlängerten Lebenserwartung", der sich als höchst kompliziert erweist. Dieses Phänomen ist ziemlich akut dadurch entstanden, daß die Bekämpfung der bis dahin üblichen Regelung der Bevölkerung durch Infektionskrankheiten und eine unvollkommene Heilkunde durch die entsprechenden Fortschritte sich auswirken konnte: aus einer durchschnittlichen Lebenserwartung von etwa 30 Jahren ist eine solche von 65–70 Jahren geworden. Dadurch konnte ein an sich bekannter physiologischer Prozeß, der der „Paraplasie", seine wirkliche Bedeutung gewinnen. Bei etwaigem Mangel können aus bindegewebigen Organen Stoffe entnommen werden, die für lebenswichtige Funktionen notwendig sind, so daß eine Art „innerer Selbstversorgung" stattfindet (siehe Seite 40). Infolge dieser zweifellos nervös ausgelösten und gesteuerten Vorgänge müssen die „beraubten" Bindegewebe Mangel leiden und erkranken. Da es sich dabei um Ursachen handelt, die durch G e w o h n h e i t e n angeregt und gesteigert werden, nehmen diese Krankheiten einen s e u c h e n ä h n l i c h e n C h a r a k t e r an, der seine tieferen Ursachen in e i n e r A r t M a s s e n p s y c h o s e hat.

Da es jetzt möglich ist, diese Ursachen in den unentbehrlichen Versuchen an weißen Ratten zu studieren, besitzen wir auch die Möglichkeit, die Menschen nicht nur länger am Leben zu erhalten, sondern sie g l e i c h z e i t i g a u c h l ä n g e r g e s u n d zu erhalten. Das wird von ungeheurer Bedeutung für die Zukunft sein. Wie weit sich die Folgen erstrecken werden, ergibt sich aus dem Umfang, in dem die Menschen zu einer mehr oder weniger vollkommenen pflanzlichen Kost, bei der das Vollgetreide in seinen verschiedenen Zubereitungsformen eine maßgebende Rolle spielt, übergehen werden. Und das wird wiederum große soziologische Umstellungen zur Folge haben, eine Aufgabe, die wir getrost der Zukunft überlassen können. Unsere Aufgabe ist begrenzt: wir sollen der Gegenwart und der nächsten Generation dienen.

Bemüht man sich, die Tendenzen der wissenschaftlichen Medizin auf einen gemeinsamen Nenner zu bringen, so darf man wohl sagen: diese Tendenzen bestehen darin, daß man für alle Krankheiten nach s p e z i f i s c h e n U r s a c h e n und e b e n s o s p e z i f i s c h e n H e i l m i t t e l n sucht. Wo das noch nicht gelungen ist, eliminiert man die noch unbekannten, aber zweifellos vorhandenen Ursachen auf dem Wege einer Statistik, bei der alle „individuellen" Reaktionen ausgeschaltet werden und nur jene Daten als „wissenschaftlich bewiesen" anerkannt („signifikant") werden, die nach Einschaltung der verschiedenen Fehlerberechnungen statistisch erhaltene Zahlenwerte ergeben.

Dieses Denken hat dahin geführt, daß die medizinische Forschung immer kostspieliger und kaum noch übersehbar wird. In dieser Monographie wird nur ein Teil ausführlich behandelt, die wissenschaftliche Ernährungsforschung, insbesondere die Vitaminforschung. Geht man in der Literatur bis zur Zeit von Justus von Liebig, also etwa bis 1840, zurück, dann muß man erstaunlicherweise feststellen, daß neben der chemischen Analyse bereits damals grundlegende physiologische Teilvorgänge des Ernährungsvorganges experimentell gefunden, vergessen und wiederholt neu entdeckt werden mußten, aber erst jetzt in ihrer grundsätzlichen Bedeutung erkannt worden sind. Infolge dieser Einseitigkeiten hat sich die physiologische Chemie auch einseitig entwickelt, indem sie nur das was c h e m i s c h erkannt und anerkannt wurde gelten ließ, davon abweichende Erfahrungen aber als nicht bestehend ablehnte oder als Anschauung von „Fanatikern" behandelte.

Da gleichzeitig die Ergebnisse in der sich entwickelnden Nahrungsindustrie zu großen Handelsobjekten wurden, entstanden neben den wissenschaftlichen Interessen mächtige wirtschaftliche Interessen, die noch schwerer zu berichtigen sind, als wissenschaftliche Einseitigkeiten.

Die wissenschaftliche Ernährungslehre wurde eine rein chemische Lehre, die sich auf den physikalischen Wert der Kalorien einerseits stützen konnte, andererseits auf die einfach zu bestimmenden Mengen an Eiweiß, Fett, Kohlehydraten und „Aschen"-Bestandteilen. Auf diese so erhaltenen und in Tabellen zusammengefaßten Daten stützte man sich, wenn es darum ging, die Ernährung der Menschen zu berechnen. Und die Nahrungswirtschaft produzierte ihre Waren nach diesen gleichen Richtlinien.

Daß der lebende Organismus mit seinen besonderen Einrichtungen daneben eine Rolle spielen könnte, wurde nicht beachtet und Befunde, die dessen Bedeutung erkennen ließen, wurden so lange als nebensächlich behandelt, bis ein Zusammenhang mit spezifischen Krankheiten eindeutig erkannt wurde. In dieser Nichtachtung des Individuellen liegt der wesentliche Unterschied zwischen der „wissenschaftlichen" Medizin und der „Naturheilkunde". Bei der letzteren handelt es sich anscheinend um „natürliche" Heilmittel, wie Wasser, Bewegung, Massage, Atmung und einfache, naturnahe Lebensmittel, in Wirklichkeit aber ist der eigentlich wirkende Faktor die Natur des einzelnen Menschen.

Ein Kardinalfehler der wissenschaftlichen Medizin ist, daß sie diese individuelle, von Mensch zu Mensch verschiedene Reaktion durch ihre Medikamente auszuschalten sich bemüht und statt der dosierten Anwendung der natürlichen Heilmittel die pharmazeutischen Dosierungen einzusetzen bestrebt ist. Daraus hat sich die Tablettensucht entwickelt.

Die Bedeutung der Individuen bei allen physiologischen Prozessen führt zwingend dahin, daß man der üblich gewordenen Statistik die Lehre von einer „Individualistik" gegenüberstellen muß, und sich bemühen muß, die beiden verschiedenen Betrachtungsweisen zu vereinigen. Andernfalls gelangt man zu praktisch unvereinbaren Resultaten und Behandlungsformen: der spezifischen wissenschaftlichen Medizin einerseits, und der unspezifischen Naturheilkunde andererseits. Mit einer solchen Gegensätzlichkeit ist aber den Patienten nicht gedient.

Die medizinische „Einbahnstraße" der Wissenschaft gelangt zu Behandlungsformen, mit denen man Erfolge erreichen kann, die mit den einfacheren Verfahren der naturgemäßen physiologischen Prozesse nicht zu erreichen sind, aber sie birgt auch die Gefahren in sich, daß die physiologischen Grenzen überschritten werden und daß Arzneimittelschäden auftreten können. Während Chemie und Physik in ihren Arbeitsmethoden begrenzt sind, weil sie nur das Unbelebte anwenden, ist die Medizin dreidimensional, besser sogar vierdimensional zu verstehen, indem zu C h e m i e und P h y s i k die beiden unbekannten Größen hinzukommen, das L e b e n und der G e i s t.

Der Mensch nimmt insofern eine Sonderstellung ein, als er in oberster Instanz ein geistiges Wesen ist, den man zwar durch Statistik in gewisse Gruppen einteilen kann, jedoch nur auf Kosten der Individualität. Der Patient muß sich fügen und das widerspricht seiner Natur. Auf diese wenigen Einsichten lassen sich wohl die wichtigsten Gegensätze zurückführen, die gegenwärtig herrschen.

DIE BEDEUTUNG DER TIERVERSUCHE

Es war ein großer Fortschritt, als es gelang, neben der Methodik des Unbelebten die Reaktionen der lebenden Substanz in Form von Tierversuchen einzuführen. Dabei hat man übersehen, daß dadurch die u n b e k a n n t e G r ö ß e „L e b e n" eingeführt wurde, deren Mitwirkung unmeßbar war. Auch heute ist man sich dieser Unbekannten nur insofern bewußt, als man sie statistisch-rechnerisch „eliminiert". Daß dies ein Fehler ist, wird man leicht einsehen, wenn man darauf hingewiesen wird.

Unschätzbar ist die Bedeutung der Tierversuche, weil sie uns die Möglichkeit geben, wenigstens im Bereich des Lebendigen das rein chemische oder physikalische Denken einzuengen, so daß wir dem Bereich des Menschlichen wesentlich näher gekommen sind. Wie weit, das ergibt sich aus den Ausführungen von ROTHSCHUH.

Durch diese Ausführungen werden die Einwände, die oft gegen Tierversuche gemacht werden, weitgehend entkräftet und gelangen wenigstens dahin, daß man eine Basis für die sorgsame Prüfung am Menschen erhält. Kurz gesagt: jeder Tierversuch ist so lange eine Hypothese, bis am Menschen der Beweis geglückt ist.

Vorbildlich sind die Ausführungen, die ROTHSCHUH in seinem Buch „Die Theorie des Organismus" dazu gegeben hat (2. Auflage, Seite 149):

„Die homologen Organe leisten dasselbe und vollziehen diese Leistung mit gleichartigen oder ähnlichen technischen Mitteln. Das erlaubt es, die Untersuchung tierischer Organe in weitem Umfange zur Aufklärung der Arbeitsweise menschlicher Organe anzuwenden. Fast alle physiologischen und physiologisch-chemischen Gesetzlichkeiten sind erstmalig an tierischen Organen entdeckt worden, bevor ihre Gültigkeit auch für den Menschen nachgewiesen werden konnte. Die dem Prinzip nach leibliche Gleichartigkeit von Mensch und Tier steht also außer Frage ..." „Wir finden ferner bei Mensch und Tier viele gleichartige Krankheiten, zum Beispiel **Herz- und Kreislaufkrankheiten, Tuberkulose,** gut- und bösartige **Geschwülste,** erbliche und intrauterin erworbene **Mißbildungen** (siehe Seite 47, BERNÁŠEK), **Bronchitis, Magengeschwüre, Lebercirrhose, Nierensteine,** Rachitis, Skorbut, Gicht, Diabetes usw. Wir finden ferner **Entzündung, Degeneration, Atrophie, Hypertrophie,** Fieber, **Allergie,** also grundsätzlich gleichartige Reaktionsformen der biologischen Struktur auf Störung und Belastung. **So verbindet eine Fülle von Übereinstimmung und Homologie Tiere und Menschen. Es gibt keine Bruchstelle der physiogenetischen Entwicklung, wo das Tier aufhört und der Mensch beginnt ..."** „Daher wirft das Studium der Phylogenese und das Studium der übrigen Lebewelt Licht auf seine Herkunft und auf die allgemeinen Gesetzlichkeiten, die den Menschen als Lebewesen mit dem allgemeinen Grund des Bios verbinden."

„Die Medizin hat also guten Grund, die Lehre von der Gesundheit auf eine breite biologische Basis zu stellen." „Die Übereinstimmung zwischen Mensch und Tier ist als außerordentlich groß zu bezeichnen."

Die Folgerung aus diesen Ausführungen von ROTHSCHUH besteht darin, daß man die derzeitige absolute Vorherrschaft der Chemie und Physik durch die **Gleichberechtigung des biotischen Denkens** ergänzen muß.

Das genaue Studium der Ernährungsforschung läßt erkennen, daß in der Ernährungsphysiologie einige erhebliche Mängel bestehen, deren Beseitigung geeignet ist, das derzeitige Bild erheblich zu verändern. Und diese Mängel konnten erst durch Tierversuche erkannt werden.

DER ERNÄHRUNGSVORGANG ALS GANZES UND SEINE PHASEN

Jegliche wissenschaftliche Forschung beginnt damit, daß man den zu erforschenden Vorgang in einzelne Teile zerlegt und jeden dieser Teile für sich studiert und meßbar macht. So kann man den Vorgang der Ernährung in zahlreiche Phasen aufteilen, von denen jede einzelne Phase für den Gesamtablauf unentbehrlich ist, von denen aber einzelne bevorzugt studiert sind, andere vernachlässigt und wieder andere völlig unbeachtet geblieben sind. Das mußte selbstverständlich zu erheblichen Disharmonien führen, unter denen das Ganze leidet.

Im letzten Jahrhundert haben die chemischen Prozesse die durch die Leistung der Fermente stattfanden im Vordergrund gestanden, und darüber sind die physikalischen und biotischen Phasen in Rückstand geraten. Es ist also notwendig, hier die bestehenden Lücken zu schließen.

An sich sollte man die Beschreibung der Ernährung mit der Bedeutung des H u n g e r s und des A p p e t i t s beginnen. Hier handelt es sich aber um v o r b e r e i t e n d e, zeitlich bedingte Phänomene, die vor der eigentlichen Nahrungsaufnahme liegen und mit vielen Faktoren der Umwelt verbunden sind, so daß sie mehr unter die allgemeinen, unspezifischen Prozesse der Lebenserscheinungen fallen, für die oben die Bezeichnung der „Biotik" vorgeschlagen wurde. Der Hunger, das Aufsuchen der Nahrung, der Appetit und die zum Aufsuchen der Nahrung erforderliche körperliche Bewegung bilden einen großen Komplex, der bei frei lebenden Tieren unentbehrlich zur Erhaltung des Lebens ist, beim Menschen und seinen Haustieren aber weitgehend eingeengt ist, oft in Fortfall kommt. Die zivilisierten Menschen kennen den eigentlichen Hunger meist nicht mehr und verstoßen gegen diese unspezifische Voraussetzung für die erneute Nahrungsaufnahme. So beginnt bereits im allerersten Anfang meist eine Tendenz zur „Überfütterung".

Sehen wir von diesen Primärphänomen der Ernährung ab, so erfolgt die Aufnahme der gut gekauten (oder schlecht gekauten) Nahrung durch die Speiseröhre in den Magen, und hier beginnen dann die eigentlichen Verdauungsprozesse wirksam zu werden. Diese hat man bisher nahezu ausschließlich als rein chemischer Natur betrachtet und erforscht. V o r dieser chemischen Zerlegung und Vorbereitung für die Resorption durch den Darm liegt aber ein zweiter, seit mehr als 100 Jahren bekannter funktioneller, p h y s i k a l i s c h e r P r o z e ß, dessen Existenz immer wieder „neu entdeckt" und vergessen wurde, und dessen Bedeutung erst in neuerer Zeit erkannt werden kann.

Die Wichtigkeit des K a u e n s beruht nicht nur in der Zerkleinerung der Nahrung, sondern auch darin, daß die Nahrung mit dem Speichel vermischt wird und so vorbereitet in den Magen gelangt. Bei dem allgemeinen Gebißverfall hat man die dabei entstehenden Folgen bisher nicht beachtet. Durch eine Veröffentlichung im Brit. med. journ. 1965, I, 1220 wird das Kauen und der Speichel sehr aktuell. Dort heißt es:

„Einem bisher kaum beachteten Faktor bei der Entstehung von Magengeschwüren sind drei indische Ärzte durch sorgfältige sozialmedizinische Untersuchungen auf die Spur gekommen. Seit langem war bekannt, daß die Ulcushäufigkeit in verschiedenen Gegenden außerordentlich unterschiedlich ist, besonders niedrig in den Hochebenen des Pandschab, mehr als 10mal größer demgegenüber in Südindien. Die Suche nach den Gründen ergab jetzt als wichtigsten korrelierenden Faktor Unterschiede in der Ernährung. Die t r o c k e n e u n d r e l a t i v h a r t e N a h r u n g die im Pandschab üblich ist, e r f o r d e r t e i n b e s o n d e r s s t a r k e s K a u e n u n d f ü h r t z u r A b s o n d e r u n g r e i c h l i c h e r S p e i c h e l m e n g e n v o n b e s o n d e r s g r o ß e r P u f f e r l e i s t u n g. Die Untersuchungen machen es wahrscheinlich, daß dieser Umstand einen z u s ä t z l i c h e n S c h l e i m h a u t s c h u t z bedeutet und für die n i e d r i g e U l c u s - M o r b i d i t ä t in dem betreffenden Gebiet verantwortlich zu machen ist."

Man hat in den letzten Jahrzehnten diese Primärvorgänge bei der Nahrungsaufnahme kaum noch beachtet, deshalb muß hier auf diese bestehenden Lücken hingewiesen werden. Denn auch der beste Zahnersatz kann eine normale Leistung des Kauens nicht bewirken, es bleibt stets eine mehr oder weniger unvollkommene Leistung.

I. Teil

VOM PHYSIKALISCHEN PROZESS DER NAHRUNGSAUFNAHME

DIE BEDEUTUNG DES KAUENS

Die Hast des modernen Lebens hat es mit sich gebracht, daß man sich nicht genügend Zeit nimmt, um zu kauen. Der Verfall der Gebisse spielt dabei eine wesentliche Rolle, weil nur wenige Menschen noch ein natürliches Gebiß haben und die aufgenommene Nahrung ausreichend zerkleinern können. Bei den Gemeinschaftsverpflegungen kommt hinzu, daß für die Mahlzeit nicht ausreichend Zeit zur Verfügung gestellt wird, weil der Dienst weiter gehen muß. So wird der halb gekaute Bissen heruntergeschluckt. Der Speichel soll die aufgenommene Nahrung durchfeuchten, durch seine Klebrigkeit die Bildung eines „Bissens" herbeiführen und diesen selbst schlüpfrig machen, damit er glatt durch die Speiseröhre gleitet.

Im Speichel findet sich als wichtigstes Ferment die Diastase, die aufgenommene Stärkenahrung bei alkalischer Reaktion zum größten Teil in Maltose verwandelt, ein Vorgang der im Magen so lange weitergeht, bis die Diastase durch die Salzsäure des Magens unwirksam wird.

„Auf r o h e S t ä r k e wirkt das Ptyalin des Speichels nur schwach und ganz allmählich erst nach 2–3 Stunden, auf gekochte sehr schnell.

Früher glaubte man, daß die Speisen im Magen durch die Bewegungen der Magenwand mit dem Magensaft innig vermischt würden und einen gleichmäßigen Brei bilden würden. Dies stimmt aber nicht. Die verschluckten Speisen bleiben zunächst im Fundusteil und die nacheinander genossenen Teile einer Mahlzeit lagern sich aufeinander in der Reihenfolge ihrer Verabreichung. Sie bilden einen g e s c h i c h t e t e n K l u m p e n, in den der Magensaft bei geringfügigen Bewegungen des Fundusteils nur langsam eindringt. Im Innern der Speisemasse kann daher noch lange eine neutrale Reaktion herrschen, so daß hier die S p e i c h e l v e r d a u u n g d e r S t ä r k e ungehindert durch die Säure ihren Fortgang nehmen kann." (LANDOIS-ROSEMANN, Seite 235.)

Ißt man also eine g e m i s c h t e Kost, so geht wohl der größte Teil der Aufschließung der Stärke noch im Magen vor sich und statt der Stärkekörnchen wird Maltose in das Duodenum gelangen. Die Stärke ist wegen ihres großen Moleküls schwer löslich und daher nicht zur Resorption geeignet. Als Zwischenprodukte entstehen D e x t r i n e, Körper, die zwar auch zu den Polysacchariden gehören, aber ein wesentlich kleineres Molekül als die Stärke haben. Erst das Endprodukt ist das Disaccharid Maltose, aus der dann im Darm Dextrose wird, also die wasserlösliche Form, die nach der Resorption in der Leber zu der tierischen Stärke, dem Glykogen aufgebaut wird. Die Spaltung der Maltose erfolgt durch das Ferment Maltase.

Ißt man also eine gemischte Mahlzeit und läßt sich und dem Magen Zeit zu diesen Prozessen, dann verlaufen diese Prozesse langsam und naturgemäß. Diese Ordnung macht aus dem Magen zugleich eine Art „Schutzapparat", der es verhindert, daß der Darm mit nicht genügend vorverdauter Stärke belastet wird. Fein zerrieben (gekaut!) oder aufgekocht verhalten sich die verschiedenen Stärkearten gleich, in rohem Zustande verschieden. Rohe Kartoffelstärke wird erst nach 2–3 Stunden umgewandelt, rohe Maisstärke schon nach 2–3 Minuten, Weizenstärke schneller als Reisstärke. Die Schnelligkeit ist abhängig von dem Reichtum an Cellulose.

Man kann aus diesen Daten schließen, daß bei ausreichendem Kauen Stärke, die aus geschrotetem Getreide stammt, längere Zeit im Magen bleibt, ein Sättigungsgefühl herbeiführt, und daß die so aufgenommenen Kohlehydrate langsam in den Darm und von diesem durch Resorption in die Leber gelangen.

Dieser langsam verlaufende Prozeß führt dazu, daß der Blutzucker nur langsam ansteigt, und daß keine akute Erhöhung erfolgt wie es bei der Aufnahme von Weißmehl-Produkten der Fall ist. Infolgedessen ist die Ernährung mit Frischbrei-Produkten die schonendste Form für die Ernährung. Es folgen dann die Vollkornschrot-Gebäcke, Brote und an letzter Stelle stehen die Weißmehlprodukte, an die die zivilisierte Menschheit sich gewöhnt hat. In Abb. 1 sind die Blutzuckerkurven abgebildet.

Versuche in den Vereinigten Staaten zeigten große Unterschiede und Schwankungen des Blutzuckergehalts während des Vormittags je nach Art des Frühstücks. Basierend auf diesen amerikanischen Versuchen wurden im vergangenen Jahr in der Schweiz ähnliche Ernährungs- und Blutzucker-Versuche durchgeführt. Und zwar galt es, das Kollath-Frühstück als typische Vollkornnahrung mit dem gewöhnlichen Frühstück zu vergleichen (Dr. VIOLLIER, Basel).

Das Kollath-Frühstück bestand aus:
    60 g Kollath-Frühstück-Vollkorn-Weizen-Flocken
    15 g Haselnüsse
    Saft einer Orange
    ¼ Liter Frischmilch

Das gewöhnliche Frühstück war wie folgt zusammengestellt:
    2 Brötchen
    2 Stück Würfelzucker
    Kaffee
    16 g Butter
    40 g Konfitüre

Beide Frühstücksarten wiesen gleichviel Kalorien auf. Sonst aber waren sie im Gehalt zum Teil recht unterschiedlich.

	Kollath-Frühstück	gewöhnl. Frühstück
Kalorien	498	500
Eiweiß	17,4 g	8,0 g
Fett	19,8 g	14,4 g
Kohlehydrate (Stärke)	60,5 g	89,0 g

Der Blutzucker-Gehalt vor dem Frühstück wurde als Basis genommen. Die Blutentnahmen erfolgten alle 45 Minuten. Die nachfolgende Darstellung zeigt die Durchschnitts-Resultate von 6 Personen im Alter von 20 bis 70 Jahren:

BLUTZUCKERSPIEGEL
AM VORMITTAG
DURCHSCHNITT VON 6 PERSONEN

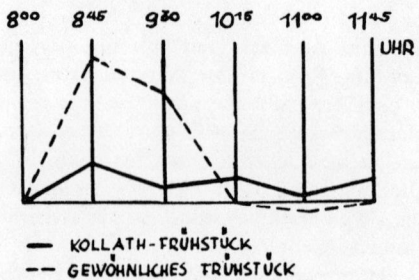

Abb. 1

Beim gewöhnlichen Frühstück erfolgt eine rasche Verzuckerung, was den Blutzucker-Spiegel stark in die Höhe treibt. Ebenso schnell aber sinkt er wieder zurück. Das Energie-Resultat gleicht einem Strohfeuer. Schon um 10.15 Uhr ist der Wert, der vor dem Frühstück festgestellt wurde, wieder erreicht. Nachher wird er sogar unterschritten. Die Versuchspersonen verspüren Hunger und werden matt.

Das Kollath-Frühstück ist nicht in der Lage, derart hohe Kurven zu produzieren. Dafür ist aber der Kurvenverlauf regelmäßiger und mithin die Leistungsfähigkeit konstanter, ausgeglichener. Kein Hungergefühl wird verspürt.

Bedenkt man, daß diese Art der Nahrungsaufnahme für alle Lebewesen die nicht kochen, die angeborene Tätigkeit sich zu ernähren ist, daß die Mahlzähne dazu da sind, dann wäre es verwunderlich, wenn der Mensch diese Möglichkeit nicht besäße. Er hat dazu seine Mahlzähne und sollte sie gebrauchen und hat sie auch gebraucht, wie aus folgendem Zitat hervorgeht:

„**In der vorbiblischen und biblischen Zeit wurden die Getreidekörner, auch Obst und andere Früchte, roh gegessen**; später wurde Getreide auf Sandsteinmühlen gemahlen, das Korn zerrieben und sämtliche Nährbestandteile des Brotes als ein Brot von echtem Schrot und Korn mit diesem Mehl verbacken" (LOHBECK, Seite 93)*). Es ist anzunehmen, daß diese Getreide mit Wasser angerührt wurden zu einem steifen Brei und daß sie gut durchgekaut wurden, also mit reichlich Speichel versehen in den Magen gelangten, wo dann die diastatischen weiteren Prozesse stattfinden konnten, wie oben beschrieben. Das heißt, auf einfachste und natürlichste Weise nutzte man die Ernährungswerte der Gräser aus, die zu Getreiden hochgezüchtet waren und damit begann die Entwicklung der menschlichen Hochkulturen.

Man kann auch diese Produkte mit reichlich Wasser aufschwemmen, so daß sie getrunken werden können, und dann tritt ein **ganz anderer Vorgang** ein. Die Stärke ist in Wasser nicht löslich, etwa wie Salzlösungen, sondern „**passiert den Magen, ohne sich mit dem Mageninhalt zu vermischen**, oft sogar ohne saure Reaktion anzunehmen" (LANDOIS-ROSEMANN); reines Wasser, hypotonische und hypertonische Lösungen passieren „wohl ziemlich gleich schnell; nach J. MÜLLER werden Getränke mit Körpertemperatur schneller aus dem Magen entfernt, als wärmere und kältere." Mit anderen Worten, unlösliche Aufschwemmungen werden abhängig von der Temperatur in den Darm direkt gelangen und die längere Speichelwirkung im Magen fällt fort.

Wichtig aber ist, daß Speisen, die mit Appetit aufgenommen werden, auch dann aus dem Magen entleert werden, wenn keine Salzsäure vorhanden ist. Man spricht dann von einer „psychischen Motilität".

Nunmehr finden die chemisch-fermentativen Prozesse im Duodenum statt. Jetzt beginnen die Resorptionsprozesse; „Wasser und in Wasser gelöste Salze gelangen im Darm sehr leicht zur Resorption, am schnellsten im Dünndarm, im Jejunum besser als im Ileum, aber auch in beträchtlichem Maße im Dickdarm" (l. c. Seite 320). Dann aber steht dort ein sehr wichtiger Satz: „Weiterhin gelangen Wasser und Salze bei der Resorption in die Blutgefäße; **nur bei sehr reichlicher Aufnahme tritt ein geringer Bruchteil in die Chylusgefäße**" (siehe nächste Seiten).

Dabei ist die anatomische Struktur der Darmzotten von entscheidender Bedeutung und wiederum können wir LANDOIS-ROSEMANN zitieren: „Jede Zotte ist als eine Hervorragung der ganzen Schleimhaut zu betrachten, sie enthält sämtliche Elemente derselben" (Seite 1218). „Durch Gewebslücken stehen die die Stromazellen beherbergenden Hohlräume mit dem axialen Lymphgefäß, das von Endothelzellen ausgekleidet ist, in Ver-

---

*) Historisch gibt es in den letzten Jahrhunderten wohl nur einen Volksstamm, von dem bekannt ist, daß sie rohen Haferschrot, in Wasser eingeweicht und ungekocht, gegessen haben und daß die körperliche Leistungsfähigkeit als besonders groß gerühmt wurde. Es sind die Goralen in den Karpathen.

bindung." „Eine Filtration unter negativem Druck könnte durch die Zotten vermittelt werden. Wenn sich nämlich diese energisch zusammenziehen, so entleeren sie zentripetal den Inhalt der Blut- und Lymphgefäße. Namentlich die letzteren werden nun entleert bleiben, da der Chylus in den feinen Lymphgefäßen von zahlreichen Klappen am Zurückströmen verhindert wird. Gehen nunmehr die Zotten wieder in den erschlafften Zustand über, so werden sie sich mit den filtrationsfähigen Flüssigkeiten des Tractus vollsaugen können." Die Blutgefäße führen die resorbierten Stoffe durch die Pfortader in die Leber, die Lymphgefäße sammeln sich im Ductus thoracicus und enden in der oberen Hohlvene.

„Nach Zufuhr von rohem Stärkemehl per os werden Stärkekörner im Blute und Harn gefunden" (l. c. Seite 321).

„Wird lösliche Stärke intravenös injiziert, so erscheint sie im Harn; bei genügend langsamer Injektion jedoch wird sie durch die Diastase des Blutes verzuckert und dann verbrannt." (Verzár)

Es gelangen in die Chylusgefäße aber nicht nur gelöste Stoffe.

DIE AUFNAHME KLEINSTER UNVERDAUTER BESTANDTEILE AUS DEM DARM

Die allgemeine Vorstellung herrscht auch heute noch, daß nur solche Nahrung aufgenommen werden kann, die durch Magen-Darm-Fermente aufgelöst und in flüssige Form gebracht ist. Infolgedessen hat man diesen Fermenten besondere Aufmerksamkeit geschenkt. Daß es noch eine zweite Aufnahme von Nahrungsbestandteilen geben könne, die noch unverdaut sind, hat man nicht für möglich gehalten und auch heute fällt es den Menschen schwer, die mögliche physiologische Bedeutung dieses Geschehens zu erkennen. Dabei handelt es sich um einen Primärvorgang der Nahrungsaufnahme, bei der kleinste, „feste", unverdaute Partikel bis zu etwa $^1/_{10}$ mm Größe in den obersten Darmabschnitten von der Kuppe der Darmzotten angesogen und direkt in das Lymphsystem gebracht werden, von wo sie über den Ductus thoracicus in die Blutbahn gelangen. Der Prozeß verläuft so schnell, daß die Bestandteile bereits 10 Minuten nach der Nahrungsaufnahme und noch früher im venösen Blut nachweisbar sind.

Zu dieser Entdeckung müssen die genauen Angaben mitgeteilt werden, da diese Geschichte typisch ist für wichtige naturwissenschaftliche Entdeckungen.

Die erste Beobachtung des Phänomens fand am Sylvestertag das Jahres 1843 statt, als Herbst beobachtete, daß peroral gegebene Hefezellen über den Ductus thoracicus ins rechte Herz und in die Blutbahn gelangen konnten, und daß sie nach einigen Stunden auch im Herzblut nachweisbar waren. 1846 wiederholte Oesterlen diese unglaubhaften Versuche in Dorpat mit feinst verriebenen Quecksilberkügelchen und fein gepulverter Kohle, und stellte fest, daß beide Objekte sowohl peroral wie perkutan ins Körperinnere gelangen konnten und im Blut wie in den Organen nachweisbar waren. 1847 benutzte Eberhard Schwefelblumen und schrieb:

„Feste Stoffe können unverändert durch Darm und Haut in die Blutbahn gelangen." Als treibende Kraft nahm er entweder einen „bedeutenden Druck" beim Einreiben an, oder einen entsprechenden Druck den „die Nährstoffe durch ihre Schwere ausüben, verbunden mit Kontraktionen des Darmes auf seinen Inhalt". Die Darmzotten funktionieren als „Aufsaugapparate". Hier erscheint erstmalig eine Eigentätigkeit des Organismus als treibendes Agens.

1851 stellte DONDERS ähnliche Versuche mit **Kohlestückchen, Holzteilchen, Tuschepartikeln** und **Stärkekörnern** an, mit dem gleichen Resultat. 1854 wiederholte BRÜCKE die Versuche und bestätigte sie. Auf Grund der BRÜCKEschen Arbeit untersuchten MARFELS und MOLESCHOTT*) den Prozeß und fanden, daß „kleinste Partikel aus dem Darmkanal über den Lymphstrom ins Blut gelangen können." Dann ruhte die Forschung wieder, vielleicht weil man sich von einer physiologischen Bedeutung dieses Prozesses keine rechte Vorstellung machen konnte, darin eher wohl einen abnormen Vorgang sah.

Erst 1906 hat Rahel HIRSCH die Versuche mit Getreide- und Kartoffelstärke aufgenommen und gefunden, daß Partikel bis etwa $^1/_{10}$ mm Größe auf diesem Wege durch die Darmzotten in die Lymph- und Blutbahn gelangen. Trotz aller Skepsis hat VERZÁR 1911 diese Versuche an Mensch (Selbstversuche), Hund, Kaninchen und Ratte wiederholt und gefunden, daß die verabfolgten Partikel in verschiedenen Organen aufzufinden waren und daß sie mit dem Urin teilweise wieder ausgeschieden werden konnten. Er trank eine Aufschwemmung von 100 g Stärke in Milch, das wären etwa 25 Milliarden Stärkekörnchen und fand im Urin 40 Körnchen wieder, also eine verschwindend geringe Menge. Bei den Tierversuchen beobachtete er auch „**in den Kapillaren auftretende temporäre Embolien, die solange bestehen, bis das steckengebliebene Stärkekörnchen durch die Blutdiastase gelöst wird. Durch den Blutdruck kann es aber schon vorher durch die Kapillarwand gepreßt werden . . .**" VERZÁR schrieb **dieser Tatsache eine nicht geringe allgemeine biologische Bedeutung**" zu. Es handelte sich also um **vorübergehende Mikroembolien**, denen **keine pathogene Bedeutung** zukommen dürfte. Menge und Zahl der aufgenommenen Körnchen blieben im Bereich des „Zufalls", der seine Begründung in dem anatomischen Aufbau der Darmzotten haben mußte, also um einen **rein physikalisch** zu verstehenden Prozeß, der sowohl verdauliche wie unverdauliche Partikel betreffen konnte. Denn die Versuchsobjekte unterteilen sich in **unverdauliche** (Quecksilberkügelchen, gepulverte Kohle, Schwefelblumen, Tuschepartikel, Holzteilchen, Quarzsand) und **verdauliche** (Stärke, Hefezellen, Pflanzenzellen, Muskelteilchen), wie aus späteren Versuchen hervorgeht.

Man kann danach annehmen, daß das Eindringen auch von physikalischen Eigenschaften der verabfolgten Partikel abhängt, vor allem davon, daß eine **gewisse Größe nicht überschritten wird**, so daß die Darmzotten „wie Filter" wirken. An einen Zusammenhang mit der Ernährung dachte man nicht.

Daß ein analoger Prozeß auch beim Einreiben durch die Oberhaut stattfinden kann, ist für diese Erscheinung kennzeichnend, und kann pharmakologisch bedeutsam sein.

Eine Verbindung zur Nahrungsaufnahme ist erst viel später durch die Versuche von HAUBOLD, München, erfolgt, der viele Jahre die Aufnahme der fettlöslichen Vitamine studiert hat. Im Verlauf dieser Versuche fand er, daß „**natürliche Fettaggregate sowie Emulsionen von fettlöslichen Vitaminen als Korpuskel perizellulär zur Aufnahme gelangen**". Diese Partikel werden mit ihren Inhaltsstoffen in „Pseudofremdkörperchen" verwandelt, und als solche können sie unter dem Schutz von Membranen (oder elektrischen Ladungen?) ähnlich wie echte Fremdkörperchen die Lymphspalten zwischen den einzelnen Epithelzellen der Darmzotten passieren und gelangen über den Lymphstrom in das Blut und in die Organzellen, so daß HAUBOLD Vitamin A in Herzzellen und in Osteoblasten wiedergefunden hat.

---

*) LIEBIG hatte nur einen wissenschaftlichen Gegner, MOLESCHOTT, der in seinem Buch „Der Kreislauf des Lebens" die Rechte des Lebens gegenüber einer rein chemischen Betrachtungsweise vertrat. Er dürfte sich jetzt beginnen durchzusetzen, nach 100 Jahren.

HAUBOLD hat auf die Lebenswichtigkeit dieses mechanisch-physikalischen Vorganges hingewiesen und zwar für die Ernährung des Neugeborenen: „In der ersten Lebenszeit fehlen wegen der noch nicht abgeschlossenen Organdifferenzierung wichtige Voraussetzungen für die Emulgierung und enzymatische Aufspaltung der Milchfette." Neuartig an seinen Befunden sei nur, daß der Vorgang in höheren Lebensaltern erhalten bleibe.

Es gibt demnach neben der bisher allein beachteten Resorption von fermentativ löslich gewordenen Nahrungsbestandteilen eine zweite auf mechanischem Wege vor sich gehende Resorption, die bereits EBERHARD, neuerdings HAUBOLD nachgewiesen hat: Die Partikel werden durch epithelfreie Spitzen der Darmzotten direkt in dort mündende Lymphgefäße „hineingestrudelt" und gelangen dann über die Lymphbahnen, und den Ductus thoracicus ins Blut.

Nach HAUBOLD hat FRAZER nachgewiesen, daß „neben der enzymatischen Aufspaltung bei der Fettverdauung auch die Resorption wasserunlöslicher Triglyzeride in Gestalt kleiner Chylomikronen möglich" ist. Dies wäre also eine „lymphatische Resorption" unverdauter Nahrungsbestandteile. Diese lymphatische Resorption wird durch die bisher allein berücksichtigte „hämatische Resorption" vervollständigt, so daß man in Zukunft mit diesen beiden Formen der Resorption wird rechnen müssen.

Trotz der erwähnten Versuche, die das Bestehen dieser lymphatischen Resorption erwiesen haben, ist noch nicht zu erkennen, ob es sich um einen rein anatomisch zu erklärenden Vorgang handelt, oder ob nicht auch ein qualitativer Prozeß dahinter steckt. Die Versuche von HAUBOLD lassen daran denken, daß auf diesem Wege lebenswichtige Substanzen, die durch die Darmfermente abgebaut werden könnten, rechtzeitig solchem Schicksal entzogen werden, und direkt in den Organismus über den Lymphweg und das Blut zu den Körpergeweben gelangen. Dazu müßte man umständliche Versuche anstellen die es erlauben, die Zusammensetzung der Lymphe im Ductus thoracicus vor dem Eintritt in die obere Hohlvene kennen zu lernen, und zwar alsbald nach einer Aufnahme sowohl von durchgekauter Nahrung wie von aufgeschwemmten Partikeln an sich verdaulicher Partikel.

Angesichts dieser unbekannten Umstände wird man mit allen Folgerungen vorsichtig sein müssen und der experimentellen Geschicklichkeit der Forscher die Beantwortung solcher Fragen überlassen müssen. Als Versuchstiere würden sich wohl am besten Schweine eignen, da die Ratten dazu zu klein sind.

Die umfangreichsten Versuche in neuerer Zeit hat VOLKHEIMER mit seinen Mitarbeitern angestellt. Es sind dabei zwei Gruppen von Versuchen zu unterscheiden: eine erste, die den bereits vorliegenden älteren Versuchen folgt und sich „im Bereich des Physiologischen" zu halten glaubt, und eine zweite, die in diesem Vorgang der „lymphatischen Resorption", die er als „Persorption" bezeichnet, Ursachen von Krankheiten zu entdecken sucht. VOLKHEIMER hat den Menschen eine Standardmenge von 200 g Stärke, aufgeschwemmt in Wasser, zu trinken gegeben, dann das Erscheinen im Venenblut gemessen und ausgezählt. Er hat dabei übersehen, daß bei diesem Trinken das Kauen und die Mitwirkung des Speichels (siehe oben), in Fortfall gekommen ist, und daß die verabreichte Stärkemenge unphysiologisch groß ist. Infolgedessen muß man diese Versuche dadurch ergänzen, daß man einen kaufähigen Stärkebrei macht, der richtig gekaut und mit Speichel durchtränkt wird, wenn man wirklich physiologische Bedingungen erreichen will.

In der zweiten Gruppe versucht VOLKHEIMER Analoga von peroraler Aufnahme und intravenöser Verabfolgung zu schaffen. Dabei übersieht er, daß bei der lymphatischen Resorption durch die Art der Aufnahme eine Filterung des Materials stattfinden muß, die das Eindringen zu großer Partikel verhindert und nur einer geringen

Größe (unterhalb von 100 μ) das Eintreten in die Lymphgefäße erlaubt. Es ist zu hoffen, daß diese Mängel der Versuchstechnik später behoben werden, damit man ein klares Bild bekommt. Auch seine Kurven über das Erscheinen der Stärkekörnchen im Blut werden durch diese unzureichende Versuchsanordnung zweifelhaft.

Die bisher vorliegenden Versuche, betr. der lymphatischen Resorption, reichen noch nicht aus, um deren etwaige physiologische Bedeutung sicher zu erkennen. Eine Ausnahme machen die Versuche von HAUBOLD.

II. Teil
VOM CHEMISCHEN GESCHEHEN BEI DER NAHRUNGSAUFNAHME

Erst um 1840 wurde es möglich, den Ernährungsvorgang und die Nahrung vermittels der damals neuen chemischen Forschungsmethoden zu analysieren. Daraus entwickelte sich eine einseitige Behandlung der Ernährung vom rein physikalischen Standpunkt aus in Gestalt der Kalorienlehre und vom chemischen Standpunkt aus in Gestalt der Erforschung der drei organischen Grundstoffe: Eiweiß, Fette, Kohlehydrate. Die „kalorienfreien" oder -armen Stoffe wurden unter dem Sammelbegriff der „Asche" behandelt. Man untersuchte alle üblichen Nahrungsmittel und stellte die bekannten Nahrungsmitteltabellen her, prüfte die Produkte aber nicht im Tierversuch, sondern ließ sich eine Nahrungsindustrie entwickeln, die sich später als unvollkommen erwies.

Ferner untersuchte man die Nahrungsgemische, die die Menschen zu sich nahmen, und zwar merkwürdigerweise meist nicht in tischfertigem Zustande, sondern als Rohprodukte, so daß die Reinigungsabfälle mit bestimmt wurden, und machte ferner Ernährungsversuche beim Menschen, um den Bedarf an den einzelnen Gruppen kennen zu lernen. Dabei erhält man zwar ziemlich genaue Werte für den Bedarf an Kohlehydraten, der pro Normalmensch von 70 kg auf 400 g berechnet wurde. Man hat sich aber über den Tagesbedarf an Fetten und erst recht an Eiweißen nicht einigen können, so daß heute noch Zweifel darüber bestehen, ob man 40–100 g Fett, oder 20–120 g tierisches Eiweiß nötig hat. Die Zahlen schwanken je nach der persönlichen Einstellung des Forschers und der untersuchten Personen.

Vom heutigen Standpunkt aus ist es nicht verständlich, daß die so unentbehrlichen Tierversuche wahrscheinlich erst um 1875 begannen, als Forster Fütterungsversuche bei Hunden vornahm, über die er in der Zeitschrift für Biologie Band IX berichtete. Dabei hatte er zwei Vorgänger: C. P. Falk (Beitrag zur Physiologie, Stuttgart 1875) und Franz Hofmann (Beitrag zur Physiologie, Band VIII, Seite 154), die unter anderem Hungerversuche anstellten.

Forster nannte seine Arbeit „Über die Bedeutung der Aschebestandteile in der Nahrung". Er fütterte Hunde und Tauben mit Fett, Stärke-Mehl und Fleischrückständen, wie sie bei der Bereitung von Liebigs Fleischextrakt gewonnen wurden und dann mehrfach mit heißem Wasser ausgelaugt wurden. Die so gefütterten Tiere gingen schneller zu Grunde als bei völligem Nahrungsentzug. Forster schloß daraus: „... Der im Stoffwechselgleichgewicht sich befindende Organismus bedarf zu seiner Erhaltung gewisser Salze; sinkt die Zufuhr unter eine gewisse Grenze oder wird sie gänzlich aufgehoben, so gibt der Körper Salze ab und geht daran zu Grunde."

Nach Ansicht von von Bunge hatte Forster bei dieser Deutung den Umstand unberücksichtigt gelassen, daß sich aus dem Eiweiß der Nahrung infolge seines Schwefelgehalts von 1–2% durch Oxydation Schwefelsäure bilden könne. Diese würde normalerweise an basische Salze gebunden. Wären diese aber vorher ausgelaugt, wie bei der Forsterschen Nahrung, so müßte die Schwefelsäure dem Gewebe des Organismus basische Salze entziehen und die Gewebe müßten eine abnorme Zusammensetzung bekommen. Diese Hypothese sollte geprüft werden und von Bunge beauftragte seinen Mitarbeiter N. Lunin (in Dorpat) mit dieser Aufgabe. Die Versuche wurden scheinbar später in Basel fortgesetzt, wohin G. von Bunge als Physiologe berufen war.

WIE ES ZUM ERSTEN VITAMINVERSUCH KAM

Lunin wählte für die Versuche Mäuse, die er in stark verzinnten Drahtkäfigen mit Glasboden hielt. Als Futter gab er koagulierte, dann gut ausgewaschene Milch und Rohrzucker. Das Milchkoagulum bestand ungefähr zu gleichen Teilen aus Casein und Fett, und enthielt nur 0,05 bis 0,08% Asche, also Mineralien. Der Rohrzucker enthielt nur unwägbare Spuren von Mineralien, so daß die Kost so gut wie mineralfrei war. Als Schlafstätte gab er den Mäusen ausgewaschene Watte, die von den meisten Mäusen nicht gefressen wurde.

Diese Kost und Methode ist schon der heutigen Methodik mit sogenannten synthetischen Diäten sehr ähnlich. Und die Ergebnisse dieser vergessenen Versuche sind höchst interessant, bilden sie doch die erste biologische Prüfung der bis dahin rein chemisch orientierten Ernährungslehre.

Zwei Mäuse, nur mit Milch gefüttert, blieben 2½ Monate gesund. Von vier Mäusen, die nur destilliertes Wasser erhielten, lebten zwei je drei Tage, und zwei je vier Tage. Fünf Mäuse, die fast aschenfreie Nahrung bekamen, lebten 11, 13, 14, 15 und 21 Tage.

Lunin nahm nun an, daß aus dem Schwefel des Eiweißes Schwefelsäure durch Oxydation entstände und gab eine äquivalente Menge von kohlensaurem Natron hinzu, so daß für den Fall einer vollständigen Umwandlung sich zwar das saure Salz, nicht aber freie Schwefelsäure bilden könne. Bei dieser Kost lebten die Mäuse länger: 23, 24, 27, 30 und 36 Tage.

Eine Vergleichsgabe von Kochsalz wirkte nicht entsprechend, so daß der vermehrte Aschengehalt nicht Ursache des längeren Lebens sein konnte; die Mäuse starben nach 6, 10, 11, 15, 16, 17 und 20 Tagen.

Nunmehr stellte Lunin ein künstliches Salzgemisch her auf Grund von Durchschnittswerten, wie sie für Milch ermittelt waren (nach Gorup-Besanetz, Lehrbuch der physiologischen Chemie). Insgesamt wurden 4% dieser Asche auf 100 g Trockensubstanz zugegeben. Diese Mäuse lebten 20, 23, 29, 30 und 31 Tage.

Da die Tiere also trotz des reichhaltigen Salzgemisches starben, nahm Lunin an, daß die Kost zu einförmig sei und gab unveränderte Milch zur Grundkost hinzu. Da die Milch sich schnell zersetzte, dampfte er sie auf dem Wasserbad vorsichtig fast bis zur Trockene ein. Von drei Mäusen starb eine bei dieser Zugabe zur Grundkost mit den Anzeichen einer Darmverschlingung, die beiden anderen überlebten 2½ Monate, wuchsen und blieben gesund.

Lunin stellte also fest: bei einer synthetischen Kost, bestehend aus Eiweiß (Albuminaten), Fett, Zucker, Salzen und Wasser starben die Mäuse in spätestens 36 Tagen, auch trotz eines guten Salzgemisches. Wurde die eingedickte Milch zugegeben, blieben sie gesund. Er schloß daraus, daß „in der Milch noch andere Stoffe vorhanden sein müssen, welche für die Ernährung unentbehrlich sind".

G. von Bunge soll damals zu Lunin gesagt haben, daß sie mit diesem Versuch vielleicht ein neues Kapitel der Ernährungsforschung begonnen hätten. Und in der Tat dürfte dies der erste Vitaminversuch sein, mit wenig Mäusen und viel genialer Intuition. Die Autoren dachten an unbekannte organische Phosphorverbindungen oder an Nuclein, stellten aber keine weiteren entsprechenden Versuche an.

Es sind wohl die ersten modernen Ernährungsversuche, die vor allen anderen Vitaminversuchen liegen und bei denen bereits synthetische Diäten angewendet wurden. Rückblickend sind es auch die ersten Versuche, mit denen die biologische Unzulänglichkeit der alten Ernährungslehre bewiesen wurde. Diese Bedeutungen wurden nicht erkannt, die Versuche wurden vergessen und die Ernährungsphysiologie und Medizin blieb bei der unzulänglichen rein chemisch orientierten Betrachtungsweise.

Beim Menschen finden wir die erste moderne Denkweise bei der großzügigen Anordnung des Direktors des japanischen Sanitätsdienstes TAKIKI; den Soldaten, die bis dahin polierten Reis als Hauptnahrung bekamen, Zulagen von Gemüsen, Gerste, Fisch und Fleisch zu geben, um den Gesundheitszustand des Heeres zu heben. Das geschah bereits 1882*).

Erst mehr als 10 Jahre später von 1895–1896 kann man die bekannten Versuche des holländischen Arztes EIJKMANN in Batavia nennen, die zur Aufklärung der Beriberi als einer Mangelkrankheit führten. Die Versuche wurden von GRIJNS, sodann durch WILDIERS fortgesetzt.

Die Veränderung der japanischen Heeresverpflegung hat dazu beigetragen, daß die Japaner im japanisch-chinesischen Krieg und im japanisch-russischen Kriege siegen konnten. In Europa, insbesondere in Deutschland, wurden diese Versuche nicht beachtet. Der beste Beweis ist die unvollkommene Marschverpflegung des deutschen Heeres 1914, die sogenannte „Eiserne Ration", die aus einer Konservendose mit Fleisch-Fett und einem Beutel mit trockenem Wasserkeks aus Feinmehl hergestellt, bestand. Das Gute war das echte Kommißbrot, das aber auch um 1900 bereits seinen alten Charakter verloren hat und zur Hälfte mit Weißmehl versetzt wurde.

Unbeachtet blieben auch die Versuche der Norweger HOLST und FRÖLICH, denen es bei Meerschweinchen gelang, die Knorpel-Knochenveränderungen der Möller-Barlowschen Krankheit hervorzurufen, des kindlichen Skorbuts, der allerdings vom Erwachsenen-Skorbut anatomisch sehr verschieden ist, trotz gleicher chemischer Grundlage durch Vitamin-C-Mangel. Unbeachtet blieben auch die Versuche von WILDIERS, die zur Aufstellung des „Bios"-Begriffes führten, wasserlöslicher Vitamine, die auch heute wohl noch nicht völlig aufgeklärt sind. 1909 entdeckte STEPP die Bedeutung fettlöslicher Stoffe, womit die Basis für eine besondere Gruppe von Vitaminen, den Vitasterinen, gelegt wurde. 1911 kamen die Versuche von OSBORNE und MENDEL, die solche unbekannten Stoffe in Gemüse und Hafermehl nachwiesen und 1912 prägte FUNK den Fachausdruck der „Vit-Amine", der sich zu einem Schlagwort entwickeln sollte.

Wirklich aktuell wurden diese Entdeckungen erst durch die Erfahrungen während des ersten Weltkrieges, als man infolge der Hungerblockade erleben mußte, daß die auf alter Grundlage beruhenden Nahrungsmittelzuteilungen an die Bevölkerung unzureichend waren, und schließlich der militärische und gesundheitliche Zusammenbruch erfolgte. Die Erfahrungen der amerikanischen Hilfe in Österreich und Deutschland sind dann bekannt. Man hat aber die Zahl der „Vitamine" unterschätzt, und unterschätzt sie noch immer.

Inzwischen entwickelten englische und amerikanische Forscher für einzelne Mangelkrankheiten p a s s e n d e s y n t h e t i s c h e D i ä t e n, die zur chemischen Analyse der gesuchten Stoffe sich als unentbehrlich erwiesen. Doch reichten sie nicht aus, um die Krankheitsbilder als solche völlig zu erklären. Denn j e d e M a n g e l k r a n k h e i t i s t e i n S y n d r o m, zu dessen Zustandekommen stets mehrere andere Ursachen notwendig sind n e b e n dem s p e z i f i s c h e n Vitamin-Mangel. Diese zusätzlichen Ur-

---

*) Die Ernährung der japanischen Bevölkerung hat sich seit dem zweiten Weltkrieg gewandelt, wie aus der Naturwissenschaftlichen Rundschau 1967, Seite 123, hervorgeht. „Während der Jahre 1934—1938 betrug die Eiweißaufnahme 55 g pro Kopf und pro Tag bei einem Anteil von nur 7 g tierischem Eiweiß. Der tägliche Fettverbrauch lag bei 15 g pro Kopf, die tägliche Kalorienaufnahme betrug 2095 kcal., wobei 80% von Reis und anderen Getreideprodukten geliefert wurden.

Seit dem Ende des zweiten Weltkrieges begann unter dem Einfluß von USA und Europa der Ausbau der japanischen Ernährungsindustrien; es kam zur Änderung der Ernährungsgewohnheiten. Verglichen mit der Zeit von 1934—1938 und 1963 kam es zu „einer Verbesserung der allgemeinen Ernährungslage in Japan. Der Kalorienverbrauch ist angestiegen, ebenso erhöhte sich der Eiweiß- und Fettkonsum". (Tetsujiro OBARA, Tokyo, Food Technology 20, 774, 1966.)

Man wird auf die gesundheitlichen Folgen dieser Änderung der Ernährungsgewohnheiten nach 20 Jahren gespannt sein dürfen.

sachen liegen in den jeweiligen anderen Umweltbedingungen der Menschengruppen. Um diese kennen zu lernen, muß man die Methoden der üblichen Vitaminforschung erheblich erweitern, bzw. verändern.

Hier ist vor allem zu erwähnen, daß die Erfahrungen, die WINDAUS und POHL bei der chemischen Analyse des sogenannten antirachitischen Vitamins D machten, dahin geführt haben, daß man diese Erfahrungen mit den geringsten Spuren von Vitamin D verallgemeinerte und das Vorhandensein solcher „Spuren" von vornherein bei allen anderen Vitaminen voraussetzte. Es erwies sich nämlich, daß man nur dann die chemischen Wirkungen des Vitamins eindeutig beweisen konnte, wenn man die B e s t a n d t e i l e d e r s y n t h e t i s c h e n R a c h i t i s d i ä t e n , zum Beispiel nach McCOLLUM oder von SHERMAN-PAPPENHEIMER d u r c h m e h r f a c h e E x t r a k t i o n m i t A l k o h o l d ä m p f e n „ r e i n i g t e " . Inzwischen waren viele Fabriken dazu übergegangen, für Forschungszwecke Caseine herzustellen, die in Gegensatz zu dem weißen unerhitzten Milchcasein aber meist eine mehr oder weniger g e l b l i c h e V e r f ä r b u n g aufwiesen. Doch hat man weder diesen Farbumschlag, noch die Möglichkeit einer Schädigung des Caseins durch die Alkoholextraktion beachtet, so daß p r a k t i s c h a l l e V i t a m i n v e r s u c h e m i t d i e s e n v o r b e h a n d e l t e n , also „denaturierten", C a s e i n e n a n g e s t e l l t w e r d e n ; s i e k ö n n e n a l s o n u r e i n e b e g r e n z t e B e d e u t u n g h a b e n . Dieses unwahrscheinliche Ereignis ist in der Tat eingetreten und hat nicht nur die Vitaminforschung, sondern mit ihr die ganze Ernährungsforschung einseitig und unvollkommen gemacht. Deshalb sind viele Folgerungen, die man aus den unvollkommenen Versuchen gezogen hat, ebenfalls unvollkommen. Diese U n v o l l k o m m e n h e i t k a n n m a n a u s d e r b i o l o g i s c h e n P r ü f u n g e r k e n n e n .

NEUERE PRÜFUNGEN DER „WISSENSCHAFTSKOST"

Die erwähnten Versuche von LUNIN und VON BUNGE haben zum Ziele gehabt, festzustellen, ob die wissenschaftlich als ausreichend erklärte Nahrungszusammensetzung bezüglich der Mineralien wirklich ausreichend war, um L e b e n u n d G e s u n d h e i t zu erhalten. Das Ergebnis war, daß sie nicht ausreichte, doch konnten die Folgen der unzureichenden Ernährung, aus etwaigen krankhaften Veränderungen nicht erkannt werden. Dazu fehlten die Forschungen, die ein weiteres halbes Jahrhundert dauern sollten. Mitte der zwanziger Jahre standen anerkannte synthetische Diäten zur Verfügung, die überall hergestellt und verwendet werden konnten, die aber n o c h n i c h t d e m Z w e c k d i e n t e n , G e s u n d h e i t h e r b e i z u f ü h r e n , sondern b e s t i m m t e K r a n k h e i t e n , wie Beriberi, Pellagra, Keratomalakie, Rachitis, Skorbut usw. hervorzurufen. Das ist also eine andere Denkrichtung: a u s d e r E r n ä h r u n g s f o r s c h u n g m i t p h y s i o l o g i s c h e r T e n d e n z z u r G e s u n d h e i t w a r e i n e D i ä t f o r s c h u n g m i t p a t h o g e n e t i s c h e r Z i e l s e t z u n g g e w o r d e n . Die Probleme wurden immer komplizierter, weil zu viele unbekannte Faktoren mitwirkten, und so mußte man die Tierzahlen so vermehren, daß man die Befunde nicht mehr im einzelnen aufzählen konnte, sondern sie statistisch verarbeiten mußte. Was sich nicht statistisch verifizieren ließ, hatte keine Geltung.

Diese Denkweise diente der chemischen Identifizierung der gesuchten Stoffe, verstieß aber gegen die Grundlehren jeglicher Krankheitslehre, nach der jede Krankheit ein individuelles Ereignis ist, das sich nur dann statistisch bearbeiten läßt, wenn man die individuelle Komponente rechnerisch eliminiert. Vorteil und Nachteile dieser Methodik sind damit gekennzeichnet.

Es wurde notwendig, von der Erforschung der speziellen Mangelkrankheiten dahin überzugehen, festzustellen, w i e d e n n e i g e n t l i c h „ d a s N o r m a l e " entsteht. Bei diesen Versuchen, mit denen sich der Verfasser seit 1923 beschäftigt hat, kam er dahin, die eigentliche Krankheitsforschung als Sondergebiet zu betrachten, und statt dessen das Werden und Entstehen des gesunden Skeletts und der gesunden Zähne als Maßstab zu verwenden. Darüber sind 19 Einzelpublikationen erschienen, die in zwei Monographien „Der Vollwert der Nahrung", Band I 1950, und Band II 1960 zusammengefaßt sind. Durch systematische Abwandlungen der vorgefundenen synthetischen Diät von Chick und Roscoe kam er zu etwa 30 verschiedenen Diäten, deren Wirkungen auf Skelett und Knorpel studiert wurde. Und dabei gelangte er zwangsläufig schließlich zu einer einfachen Kost, die eine auffallende Ähnlichkeit mit der Kost von Lunin und von Bunge besitzt, eine Verwandtschaft, die erst kürzlich durch die Kenntnis dieser vergessenen Arbeiten ins Gesichtsfeld des Verfassers trat.

Man kann die Situation in wenig Sätzen formulieren:

Der Vorteil der Kalorien- oder alten Ernährungslehre ist, daß man exakte physikalische und chemische Eigenschaften der menschlichen Lebensmittel kennen gelernt hat.

Ein Vorteil der Vitaminforschung ist, daß man die Wichtigkeit scheinbar unbedeutender Stoffe kennen gelernt hat.

Der Nachteil ist, daß man die Mitarbeit des lebenden Organismus unterschätzt hat und den Ernährungsvorgang wie einen Prozeß in einer komplizierten kalorischen Maschine behandelt hat.

Ein Nachteil ist, daß man die tatsächlichen individuellen Faktoren völlig außer acht gelassen hat.

Der Nachteil ist die Überschätzung einer spezifischen Wirkung und die gleichzeitige Unterschätzung der unspezifischen Mit-Ursachen.

Ein Nachteil ist, daß man die Bedeutung der aufgefundenen Vitamine unberechtigterweise verallgemeinert hat und daß man die menschlichen Verhaltensfehler, die stets bei den klassischen Mangelkrankheiten mitbeteiligt sind, nicht beachtet hat.

Ein weiterer Nachteil ist, daß man die ganze Forschung so betrieben hat, als ob die Mangelkrankheiten von der Natur vorgesehen sind, etwa wie Infektionskrankheiten.

Der Vorteil der Richtung des Verfassers besteht darin, daß das Werden des Gesunden in Anpassung an die Natur in den Vordergrund gestellt werden konnte, während die Entstehung des Krankhaften aus dieser natürlichen Vollkommenheit abgeleitet werden konnte in dem Sinne von Ribberts kurzer Definition: „Krankheit ist Verlustfolge."

Aus dem Umstand, daß der Verfasser die Einwirkungen der Nahrungsbestandteile auf das Skelett, die Zähne, im weiteren Sinne die Bindegewebe als Studiumsobjekt benutzte, und daß gerade bei Skelett und Zähnen die entwicklungsgeschichtlichen Grundlagen bei Tier und Mensch Gültigkeit besitzen, folgt, daß die erhaltenen Ergebnisse bei Ratten auch sinngemäß auf den Menschen übertragbar sind, völlig im Sinne Rothschuhs.

Es ist besonders erfreulich, daß die bisher unbeachteten Versuche von Lunin und von Bunge, die eine experimentelle Prüfung der alten Ernährungslehre darstellten, jetzt bekannt geworden sind, und eine Überleitung zu den Versuchen des Verfassers bilden, die eine moderne Fortsetzung jener alten Versuche darstellen. Die neuen Versuche haben das Wirkungsgebiet der Ernährung bei den Ratten von wenigen Wochen bis Monaten auf 2–3 Jahre verlängert, was auf den Menschen übertragen heißt, daß die beobachteten Krankheiten bis zum 60.–90. Lebensjahr reichen, also die sogenannten Alterskrankheiten einbeziehen. Daß in diesen neu erschlossenen Forschungskreis auch zahlreiche sogenannte Zivilisationskrankheiten gehören, ergibt sich aus den bereits vorliegenden

Beobachtungen und läßt sich durch Erweiterung der zusätzlichen Versuchsbedingungen beliebig vervollständigen. Die klassischen Vitamine und die Aufnahme von tierischem Eiweiß werden überschätzt, und die Bestandteile des Vitamin-B-Komplexes und der noch unbekannten Stoffe werden unterschätzt.

Da alle Versuche bereits ausführlich publiziert sind, kann man sich hier auf die wesentlichen Etappen beschränken, die im Lauf von etwa 40 Jahren zurückgelegt wurden.

III. Teil

VOM BIOTISCHEN TEIL DES ERNÄHRUNGSVORGANGES

DIE BEDEUTUNG DER MINDESTDIÄTEN

Es war eine große Überraschung, als sich bei der systematischen Vereinfachung der synthetischen Diät von CHICK und ROSCOE ergab, daß viele für notwendig gehaltenen Diätbestandteile fortgelassen werden konnten, ohne daß sich die Reaktionen der Ratten, bestimmt an den Untersuchungen der Knochen und Knorpel, wesentlich änderten. So konnte man aus dem Salzgemisch 185 MCCOLLUM die meisten Salze fortlassen, bis auf Kaliumphosphat, und eine später als unentbehrlich erkannte Zulage von geringen Mengen von Zinksulfat.

Die synthetische Diät enthielt immer weniger Bestandteile, bis auch die organischen Bestandteile, wie Öle, fortgelassen wurden. Und dann traten keine Blutungen mehr auf, wohl aber bei Zulage von Öl oder linolensauren Salzen. (Siehe Vollwert I, Seite 48 ff.)

Das histologische Bild entsprach dem Altersskorbut, wie er auch durch einen solchen Kenner wie Geheimrat SCHMORL anerkannt wurde (Vollwert I, Abb. 28, 29). Dies führte zu einem Widerspruch seitens der rein chemisch orientierten deutschen Ernährungsphysiologen, die den Standpunkt einnahmen, daß Ratten das Vitamin C synthetisieren könnten, und deshalb könnten sie nicht an Skorbut erkranken. Die pathologische Anatomie wurde hinter der chemischen Denkweise zurückgesetzt und damit die zuverlässige Grundlage der Medizin im Sinne VIRCHOWS negiert. Nachprüfung dieser Versuche durch WIDENBAUER und HUHN ergab, daß die Vitamin-C-Synthese bei der gewählten Diät X eingeschränkt war, daß also die Pathohistologie doch recht behielt. Die deutschen physiologischen Chemiker bleiben aber auf ihrem ablehnenden Standpunkt. Das Urteil möge man der Zukunft überlassen.

Viel wichtiger war, daß in weiteren Versuchen gefunden wurde, daß die allgemein übliche Denaturierung des Caseins durch die Reinigung von Vitaminspuren durch Alkoholdämpfe einen Grund dafür bildet, daß sich nur solche Avitaminosen hervorrufen lassen, bei denen ein qualitativer oder quantitativer Mangel an Eiweiß eine unbedingt notwendige Voraussetzung dafür ist, daß Krankheiten wie Skorbut, Beriberi, wahrscheinlich auch Pellagra und Hungerödem, überhaupt auftreten können. Das heißt, daß die Auffassung, diese klassischen Mangelkrankheiten entständen lediglich durch das Fehlen des spezifischen Vitamins, und daß das Fehlen dieser Mangelkrankheiten bei besserer Ernährung ein Beweis für verbesserte Vitaminversorgung und -wirkung sei, nicht berechtigt ist. Die zentralen Voraussetzungen liegen nämlich in unspezifischer Weise vor allem bei der Eiweißfrage. Dazu muß man allerdings einen erheblichen Umweg gehen, wie er hier gezeigt wird.

Es ist zur Erklärung noch notwendig darauf hinzuweisen, daß der Verfasser aus verschiedenen Gründen Ende der zwanziger Jahre dazu übergegangen ist, statt der handelsüblichen Caseine und der Alkoholextraktionen weißes Casein zu verwenden, wie es vor 1944 von Merck, Darmstadt, hergestellt wurde, und daß er zur Beseitigung fettlöslicher Vitamine eine Extraktion mit Äther vornahm, also bei dessen Dampftemperatur von $+34°$ C. Diese scheinbar harmlosen Änderungen führten aber zu grundlegenden Änderungen der Versuchsergebnisse und eröffneten ein völliges Neuland. Erst jetzt, nach der Möglichkeit, diese Versuche mit den alten Versuchen von LUNIN und VON BUNGE in Verbindung zu bringen, läßt sich der Vorgang insgesamt einfach darstellen.

DIE ALTE DIÄT 18

Unter den verschiedenen Mindestdiäten, die vorzugsweise durch einseitige Zugabe verschiedener Mineralien gekennzeichnet sind, hat die Diät 18 eine besondere Bedeutung gewonnen. Sie ist ungemein einfach zusammengesetzt:

Tabelle 1

gelbliches, mit Alkohol „gereinigtes" Casein	20 Teile
Reisstärke (Handelsware)	60 Teile
Erdnußöl	11 Teile
Kaliumphosphat (K_2HPO_4)	2 Teile

Dazu gab es täglich 3 Tropfen Lebertran und etwa ½ g autoklavierten Rindertalg.

In der Abb. 2 sind die typischen Gewichtskurven der mit dieser Diät 18 ernährten Ratten wiedergegeben. Die Ratten starben in 4–7 Wochen unter Gewichtsabfall. Sie zeigten in den Organen lediglich Atrophien (nach Vollwert I, Abb. 45, Seite 75).

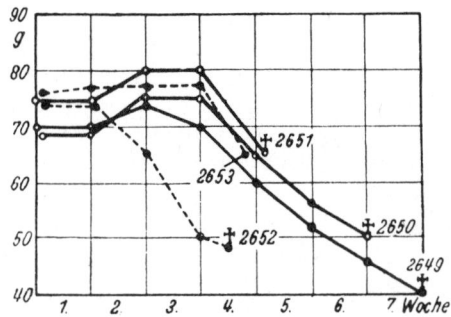

Abb. 2 Alte Diät 18 (denaturiertes Casein)
(aus KOLLATH „Vollwert der Nahrung" I, Seite 75, Abb. 45)

Nun hatte der Verfasser inzwischen viele Versuche mit einzeln verabreichten Vitaminen gemacht, wie sie in der Monographie „Vollwert der Nahrung" I, Abb. 38–41 abgebildet sind: stets kommt es zu Gewichtsabfall und Tod nach 4–7 Wochen. Diese Einzelgaben scheinen also keine Wirkung auszuüben.

Eine völlige Änderung trat hingegen ein, wenn statt des „denaturierten" Caseins w e i ß e s, mit Äther extrahiertes Casein benutzt wurde und außerdem V i t a m i n B_1 in der üblichen Tagesdosis für Ratten (12–15 Millionstel Gramm) zugegeben wurden. Dann traten h o r i z o n t a l e G e w i c h t s k u r v e n auf, die über 10 Wochen reichten. Dann wurden die Versuche abgebrochen, weil das verfügbare Vitamin B_1 zu Ende ging (siehe Vollwert, I, Abb. 43 und 44). Daran änderte auch die Zugabe der damals bekannten Vitamine nichts.

Das anfangs vom Verfasser benutzte weiße Casein stammte von Merck, Darmstadt. Nachdem 1944 die Fabrikationsanlagen durch Bombenwürfe zerstört waren, wurde es nicht mehr hergestellt. Mit den dann hergestellten gelblichen Caseinen gelangen die Versuche nicht, auch mit keinem anderen Casein aus der Weltproduktion, die geprüft wurden. Um den Beweis für die Richtigkeit der Versuche zu erbringen, sah sich der Verfasser gezwungen, zu einem w e i ß e n R o h c a s e i n M e r c k überzugehen, in dem allerdings geringe Mengen von Vitaminen vorhanden waren. Es handelte sich nach Angabe der Firma um geringe Mengen von Vitamin B_1 und Vitamin B_2. Da das B_1 sowieso zugegeben werden sollte, und das B_2 isoliert gegeben keine Wirkung zeigte, bestanden keine theoretischen Bedenken gegen diesen Entschluß. Mitglieder des Pathologischen Instituts in München (KÖLWEL-KIRSTEIN, BAYERLE und KATZENBERGER) nahmen mit Zustimmung des Direktors Prof. HUECK den Auftrag zur Durchführung dieser Versuche an und haben ihn über drei Jahre hindurch ausgeführt, ferner wurden die Organe von Prof. HUECK untersucht, während die Kiefer- und Zahnuntersuchungen dem Verfasser überlassen bleiben sollten. Ein Teil wurde durch Prof. Hermann EULER untersucht, mit dem der Verfasser bereits etwa seit 1930 zusammenarbeitete, nach dessen Tode durch Prof. ESCHLER, der Rest durch den Verfasser selbst. Diese Zahnuntersuchungen erschlossen ein neues Stoffwechselgebiet, für das die Bezeichnung der „Inneren Selbstversorgung" gewählt wurde. Damit war ein bis dahin in der Pathologischen Anatomie als Paraplasie zwar schon bekanntes Phänomen erneut gefunden, bekam aber jetzt eine lebenswichtige Stellung im Stoffwechselgeschehen.

Die erwähnte Nacharbeit von KÖLWEL-KIRSTEIN, BAYERLE und KATZENBERGER in München hat nicht nur die horizontalen Gewichtskurven der Ratten mit Diät 18a (Rohcasein Merck) entsprechend den früheren Originalversuchen ergeben, sondern sogar eine noch längere Lebensdauer (bis zu drei Jahren) und eine Vergrößerung der Epithelkörperchen. Die übrigen Organveränderungen stimmen mit den früher vom Verfasser beschriebenen überein. Durch die Unterschiede zwischen dem alkohol-denaturierten, gelblichen Casein und dem weißen, nativen Casein in den früheren eigenen Versuchen, sowie dem jetzt gültigen Versuch im Pathologischen Institut München mit Rohcasein, wurde die Aufmerksamkeit auf die **ausschlaggebende Bedeutung der Eigenschaften des Caseins**, bzw. dessen Denaturierung **gelenkt**, die für das Verständnis der Mesotrophie offenbar unentbehrlich ist.

DIE NEUE DIÄT 18a UND DIE MESOTROPHIE

Tabelle 2

Die alte Ernährungslehre forderte:	Die synthetische Diät 18a enthält:		
Eiweiß	„Natives", weißes, mit Äther extrahiertes Casein	20 =	400 g
Kohlehydrate	Reisstärke	60 =	1200 g
Fette	Erdnußöl Rindertalg, tägl. etwa	10 =	200 g ½ g
Mineralien	Kaliumphosphat (K_2HPO_4) Zinksulfat ($ZnSO_4$)	2 = 0,4 =	36 g 7,5 g
Vitamine	Tägl. Vitamin B_1 3 Tropf. Lebertran		12–15 Millionstel g

Grundsätzlich ist also diese Diät 18a nach den Richtlinien der „alten Ernährungslehre" zusammengesetzt und unterscheidet sich auf den ersten Blick nur durch den Zusatz von Vitamin B_1 und die beiden Mineralbestandteile Kaliumphosphat und Zinksulfat. Daß ein weiterer, **maßgebender Unterschied** darin bestand, daß das Eiweiß **nicht so denaturiert** war wie es praktisch bei allen Vitaminversuchen üblich geworden ist, trat erst nach Jahren bei Erprobung verschiedener Diätgemische in Erscheinung. Zunächst muß die **grundsätzliche Identität mit der alten Er-**

nährungslehre vom Standpunkt 1880 aus festgestellt werden. Vom heutigen Standpunkt aus ist sie allerdings höchst unvollkommen.

Würde man diese Versuche 1880 angestellt haben, so hätten Lunin und von Bunge das erstaunliche Resultat bei R a t t e n erhalten, daß die Diät 18a b e z ü g l i c h L e b e n s d a u e r v o l l k o m m e n sei. Denn die Ratten lebten bis zu 2 und 3 Jahren. Es wäre ihnen allerdings aufgefallen, daß die Ratten im Wachstum zurückblieben, denn sie nahmen von 50–60 g Anfangsgewicht stoßweise nur bis zu 180 g zu, blieben also etwa bei der Hälfte der Norm stehen.

Infolge Fehlens eines eigenen Laboratoriums seit 1945 konnten die ergänzenden Versuche nicht durchgeführt werden, bei denen man höhere Anfangsgewichte von 100, 150, 200 und 250 g hätte wählen müssen, um die Wirkungen bei halb oder ganz erwachsenen Ratten zu erproben. Denn infolge Fehlens dieser Versuche konnte der Einwand erhoben werden, die Ratten wären künstlich „Zwerge" geblieben, wie auch der Autor dies zuerst annahm.

Diese Versuche fehlen also noch und sind notwendig, wie sich erweisen wird.

Die naturwissenschaftliche Erforschung der Lebenserscheinungen ist jung. Sie beginnt um 1800 durch Burdach, der den Begriff der „Biologie" aufgestellt hat. Die wissenschaftliche Medizin ist wesentlich jünger, sie beginnt eigentlich erst mit Virchows Zellularpathologie 1858. 1844 beginnt Liebigs chemische Erforschung des Ernährungsvorganges. Alle diese Gebiete sind gemessen an den anderen Wissenschaften „jung" und dürften erst im Anfang der notwendigen Forschung stehen, so daß man sich über Lücken, Fehler und Irrtümer nicht zu wundern braucht. Deshalb dürfen sie auch nicht als vollgültig anerkannt werden, sondern man muß stets sorgsam zwischen zuverlässigem Befund und einer darauf gegründeten Theorie unterscheiden, sowie von unzuverlässigen Hypothesen, die immer nur ihrem Wesen nach „Arbeitshypothesen" sein können. E r n ä h r u n g i s t a b e r e i n L e b e n s v o r g a n g, ohne den das Leben nicht bestehen kann.

Es ist verständlich, daß um 1880 nur solche Versuche angestellt werden konnten, die mit den damaligen Methoden erfaßbar waren, und daß demgemäß biotische Methoden erst langsam entwickelt werden mußten, ja, ihrer besonderen Natur nach erst erkannt werden konnten. Heute befinden wir uns in dieser Entwicklung und die Mehrzahl glaubt immer noch, ohne die Berücksichtigung der Gesetzmäßigkeiten des Lebendigen auskommen zu können. So konnten die Versuche von Lunin und von Bunge 1880 in ihrer wirklichen Bedeutung nicht erkannt werden. Das ist erst jetzt möglich, wo wir Versuche anstellen können, in denen uns reine Grundstoffe und reine Vitamine ausreichend zur Verfügung stehen. Man muß dabei beachten, daß Lunin und von Bunge nur selbst hergestelltes Casein zur Verfügung stand, daß dessen Großherstellung noch nicht üblich war, und etwaige Verluste von natürlichen Eigenschaften nicht erkannt werden konnten. Ferner ahnten die Autoren nichts von der Existenz der „Vitamine", den kalorienfreien oder -armen Hilfsfaktoren, so daß sie in ihren Folgerungen beschränkt waren. Erst jetzt ist es möglich, die Bedeutung dieser Versuche voll zu bewerten, seit wir mit reinen Grundstoffen bei synthetischen Diäten arbeiten, obwohl auch dies noch nur begrenzt gilt. Die Diät 18a ist eine modernisierte Form der Diät von Lunin von 1880, also der „alten Lehre".

Die ausführliche Veröffentlichung ist in Band II der Monographien „Der Vollwert der Nahrung" erfolgt, so daß darauf, wie auf einzelne Zeitschriftenaufsätze verwiesen werden kann (siehe Literatur).

In Abb. 3 und 4 sind Gewichtskurven abgebildet, in denen in Abb. 3 die neue Diät 18a (mit ätherextrahiertem Rohcasein) benutzt wurde.

Das Gesamtergebnis dieser Rattenversuche weicht so vollkommen von den üblichen Vitaminversuchen ab, daß es notwendig wurde, dafür einen eigenen Namen vorzuschla-

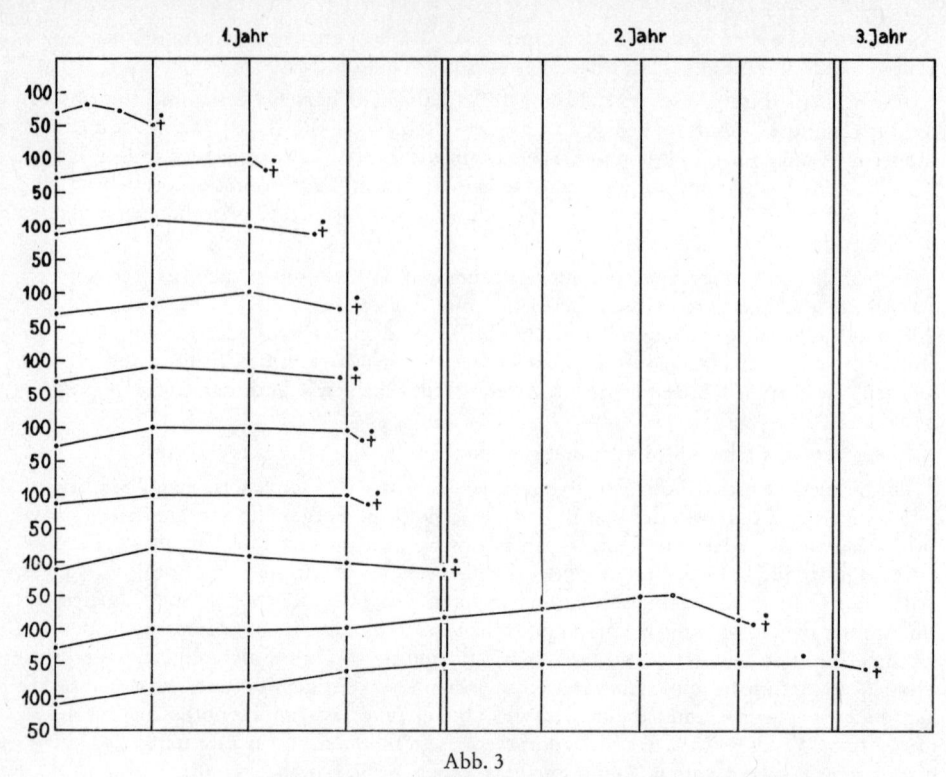

[Figure: graph with axes labeled 1. Jahr, 2. Jahr, 3. Jahr, showing multiple survival curves marked with †]

Abb. 3
Diät 18a mit Spuren von Vitamin B$_1$ und B$_2$ (ohne Zinksulfat)
Lebenserwartung verlängert, verglichen mit Diät 18 (Abb. 2)
(Casein mit Äther extrahiert)

gen. Da es sich um keine spezifische Krankheit handelte, hingegen eine verbindende Erscheinung in der „Schwäche des Stoffwechsels" zu liegen schien, wurde dafür die Bezeichnung der „Halbernährung" oder „Mesotrophie" gewählt, die als Ausdruck einer einseitigen und chronischen Fehlernährung anzusehen ist, die zwar mit einem langen Leben verbunden ist, aber mit zahlreichen chronischen Veränderungen einhergeht. In dieser Diät 18a ist ein neues Forschungsmittel zu sehen.

In Abbildung 4 ist die Wirkung der gleichen Diät 18a unter Zulage von 12–15 γ Vitamin B$_1$ wiedergegeben. Der Unterschied gegenüber der scheinbar so ähnlichen Diät 18 (Abb. 2) ist eklatant, denn nunmehr lebten die Ratten vielfach bis zu drei Jahren, obwohl alle für lebenswichtig gehaltenen Vitamine und Mineralien fehlten mit Ausnahme der genannten Stoffe. Das widerspricht allen derzeitigen wissenschaftlichen Ernährungslehren. Am erstaunlichsten sind aber die pathohistologischen Veränderungen.

KLINISCHE UND PATHOHISTOLOGISCHE REAKTIONEN DER MESOTROPHIE

Klinisch fiel bei den Ratten auf, daß das Fell glanzloser wurde. Manche Ratten bekamen vorübergehende Paraplegien, Ataxien und Zittern des Körpers, einige länger dauernde Schiefhaltung des Kopfes. Einige bekamen grauen Star.

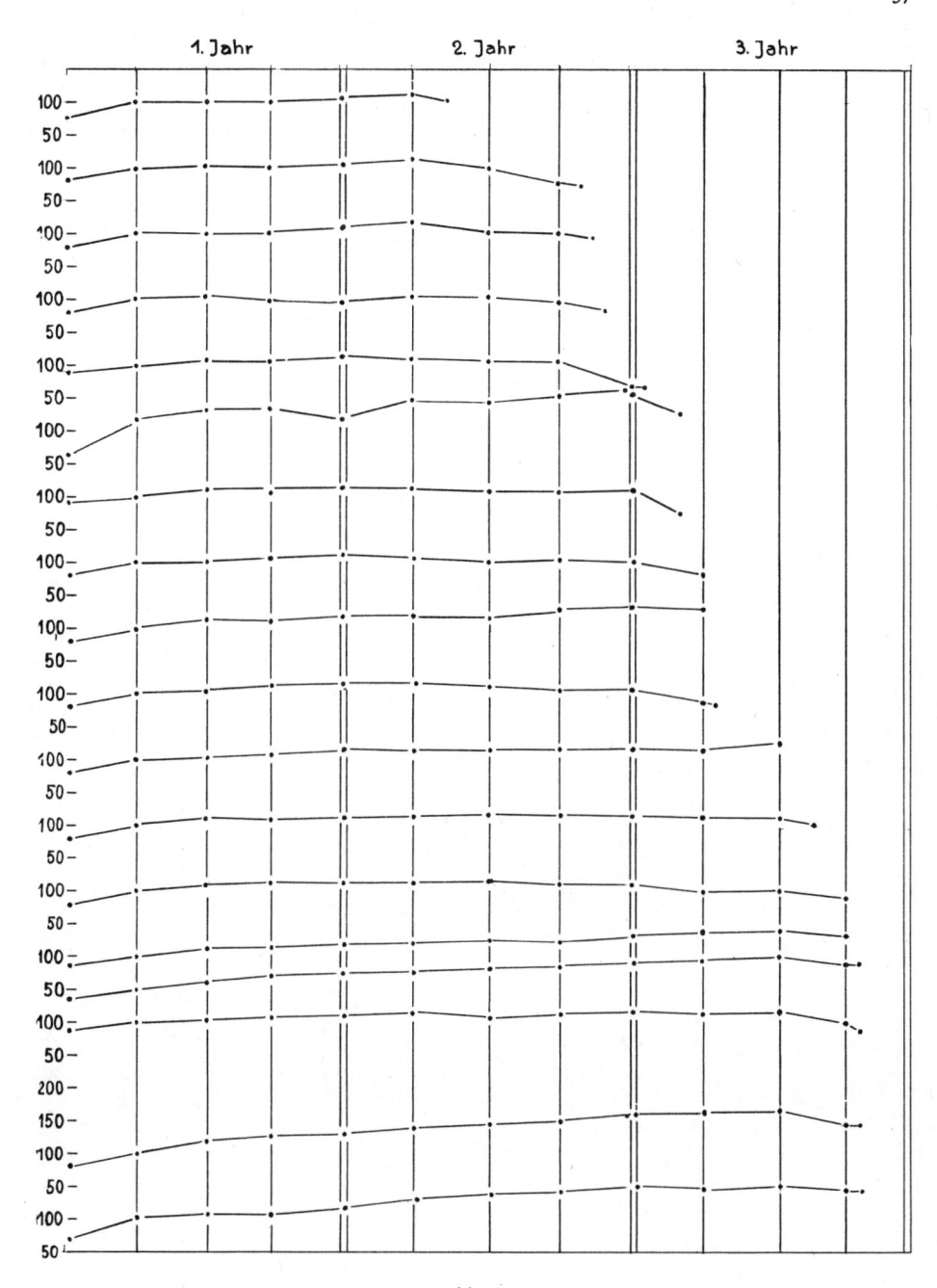

Abb. 4

Wirkung der neuen Diät 18a und Vitamin B$_1$-Mesotrophie

Bei einigen Ratten schienen die Z ä h n e b r ü c h i g zu werden, so daß zum Beispiel bei einer Ratte ein Nagezahn beinahe halbkreisförmig aus dem Munde herauswuchs, weil der Gegenzahn abgebrochen war. Dieser Zahn lieferte später die interessantesten Bilder (siehe Vollwert II, Abb. 25–53).

Ferner fiel auf, daß die sonst zahmen Ratten b i s s i g und r e i z b a r wurden.

Bei B l u t u n t e r s u c h u n g e n ergab sich, daß bis zum höchsten Alter trotz der hochgradigen einseitigen Kost sich noch jugendliche rote Blutkörperchen bildeten, daß also Zellbildung stattfand (Reticulocyten).

In einigen Versuchen ergab sich, daß die Ratten scheinbar s t e r i l wurden und daß keine Fortpflanzung stattfand.

Bei Sektionsergebnissen von Ratten, die mindestens 1 Jahr diese Kost bekommen hatten, fiel die rauhe, k ö r n i g e O b e r f l ä c h e d e r N i e r e n auf, ferner Lungenveränderungen, die an L u n g e n b l ä h u n g denken ließen.

Besonders beachtlich vom heutigen Standpunkt aus war, daß alle Zeichen von üblichen Mangelkrankheiten fehlten, obwohl doch alle Vitamine klassischer Form fehlten. Nur manchmal konnte man bei Hautveränderungen an Pellagra denken, doch blieb dies unsicher und nur auf einige Diäten beschränkt, die zusätzlich M a g n e s i u m verbindungen erhalten hatten.

S t o f f w e c h s e l u n t e r s u c h u n g e n ergaben Werte an der unteren Grenze der Norm, ferner ein deutliches K a l k d e f i z i t, was durchaus verständlich war. Auch fand sich bei entsprechenden Versuchen eine gewisse Ö d e m b e r e i t s c h a f t.

Bei b a k t e r i o l o g i s c h e n Untersuchungen wurde festgestellt, daß eine verringerte Widerstandskraft gegenüber S t r e p t o k o k k e n, Proteus und Mikrococcus catarrhalis vorlag. In der D a r m f l o r a traten die A n a e r o b i e r zurück, es lag also eine Art „Dysbacterie" vor.

S e r o l o g i s c h war die Bildung der A g g l u t i n i n e h e r a b g e s e t z t, die der Lysine aber nicht.

Auf K r e i s l a u f s t ö r u n g e n ließ sich aus der Neigung zu Ödem schließen.

Von Organerkrankungen waren mehrere sehr bemerkenswert:

Die Lungen zeigten eine oft starke L u n g e n b l ä h u n g, die bereits makroskopisch erkennbar war. Bei den Nieren handelte es sich um N i e r e n s c h r u m p f u n g, meist ohne Beteiligung der Glomeruli. Vielfach waren kleine und größere N a r b e n vorhanden, ebenso C y s t e n, und im Nierenbecken Steine oder Grieß. Ferner oft zahlreiche Kalkzylinder.

In den großen Gefäßen kam es zu Kalkablagerungen, ebenso in Muskeln des Herzens, der Magenwand und sonst verstreut.

Die L e b e r zeigte H e p a t o s e n, Nekrosen.

Von hormonalen Drüsen zeigten die E p i t h e l k ö r p e r c h e n eine Vergrößerung die H y p o p h y s e eine Verringerung der eosinophilen Körnchen im Vorderlappen.

Von etwa 900 Ratten war es bei 5 Ratten z u r E n t s t e h u n g v o n S a r k o m e n gekommen, die sonst bei Ratten nur dreimal in der Literatur beschrieben sind, also demgegenüber auffallend oft. Bei weiteren 3000 Ratten mit anderen Diäten fehlten Sarkome völlig. G u t a r t i g e T u m o r e n waren mehrfach vorhanden.

DIE ZAHNUNTERSUCHUNGEN
UND DIE UNTERSUCHUNGEN DES SKELETTS

Auf diesen Gebieten wurden die wichtigsten Befunde erhoben, die zur Aufklärung der gesamten Ätiologie führten (siehe bei Netter, Seite 84).

Bereits 1942 hatte Hermann Euler bei den Ratten mit Diät 18 C a r i e s festgestellt, ein Befund, der bei keiner anderen von unseren synthetischen Diäten erhoben werden konnte. Bei den weiteren Untersuchungen hat sich ergeben, daß bei dieser Kost, sofern sie lange genug dauert, a u s d e r P u l p a d e r Z ä h n e B l u t k a p i l l a r e n i n d a s D e n t i n e i n w a c h s e n können, und daß sich um diese Gefäße E n t k a l k u n g s z o n e n bilden, so daß eine D e m i n e r a l i s i e r u n g die Folge ist, also eine „vaskuläre Resorption" stattfindet. Ähnliche Vorgänge lassen sich auch bei Rattenrachitis im Alveolarknochen finden, so daß hier eine Verbindung zur Rachitis gegeben ist (siehe Vollwert I, Seite 144 ff.).

Die Abbildungen sind in Band II des „Vollwerts" wiedergegeben, so daß hier davon abgesehen wird (l. c. Abb. 37–53).

In vorgeschrittenen Stadien kommt es auch zu einem ungeordneten Zerfall des Dentins, also der bindegewebigen Knochen, so daß nur „Schollen" übrig bleiben.

P a r o d o n t o s e fand sich bei diesen Versuchen in keinem Fall, wohl aber bei einer anderen Diät, die aus a u t o k l a v i e r t e m F l e i s c h u n d R i n d e r t a l g bestand (Vollwert I, Abb. 101, Seite 185, ferner Abb. 36, die versehentlich falsch numeriert wurde und zu der Tabelle 35, Seite 183, gehört, Ratte 559 statt 659). Die Zahl der eigenen Versuche reicht nicht aus, um endgültige Folgerungen zu ziehen.

Von Knochenveränderungen sei erwähnt, daß sich in einigen Fällen umschriebene Veränderungen fanden, die als „O s t i t i s f i b r o s a" bezeichnet wurden, für die aber besser die Bezeichnung „fibroide Malakie" passen würde. Diese läßt sich durch eine Diät erzeugen, die aus a u t o k l a v i e r t e m F l e i s c h - F e t t besteht (ähnlich bei der „Eisernen Ration" des alten deutschen Militärs) unter Zugabe von gekeimter Gerste. Eine Vorbeugung scheint hier nur möglich, wenn man h o c h w e r t i g e M i n e r a l g e m i s c h e verabreicht*). V i t a m i n e a l l e i n r e i c h e n n i c h t a u s. Die Zahl eigener Versuchstiere ist zu gering, so daß keine endgültigen Folgerungen gezogen werden können. Auch scheint ein Überreichtum an Phosphaten mitzuspielen.

DAS UNHEILBARE UND DER VERFALL DER BINDEGEWEBIGEN ORGANBESTANDTEILE

Bringt man die so zahlreichen Organveränderungen auf einen g e m e i n s a m e n N e n n e r, so kann man wohl einen „V e r f a l l d e r B i n d e g e w e b e" als v e r b i n d e n d e s G l i e d betrachten (siehe Vollwert II, Seite 101). Dieser beginnt mit dem Verfall der Zähne, als mechanisch besonders belasteter Organe, sodann des Parodontiums, dann weiterer Skelettbestandteile, besonders der Wirbelsäule, sowohl der Wirbel wie der Zwischenwirbelscheiben. Dann schließen sich die größeren Organe wie Leber, Lunge und Niere an, ebenso die Gefäßwände. Und überall finden sich a b n o r m e K a l k a b l a g e r u n g e n. Während es nun scheint, als ob die C a r i e s a l s e r s t e s W a r n u n g s z e i c h e n anzusehen ist, das noch einer Rückbildung fähig ist, wenn rechtzeitig eine Aufwertung durch Vollkorngetreide und Mineralien erfolgt, kann es bei den Ratten etwa von einem Jahr ab zu irreversiblen Veränderungen kommen, das heißt zu dem, was wir k l i n i s c h a l s „u n h e i l b a r" bezeichnen. Insgesamt sind die Stützgewebe betroffen, also solche Gewebe, die keine eigene spezifische Lebenswichtigkeit haben, sondern nur eine sekundäre stützende und formgebende Rolle spielen.

Aus kriegsbedingten Gründen war es nicht möglich, die Frage zu klären, bis zu welchem Zeitpunkt eine Rückkehr zur Norm möglich ist. Die „Schwäche des Stoffwechsels" kann lange, ein Leben lang, bestehen und Ursache der verschiedensten Störungen und Organerkrankungen sein. Die Untersuchungen sind noch längst nicht abgeschlossen, haben zum Beispiel das Nervensystem nicht erfaßt, auf das die verschiedenen genannten nervösen Symptome hinweisen.

---

*) Siehe Gemisch B r u n i u s, KOLLATH, Vollwert I, Seite 89 und 203.

Veränderungen, wie Lungenemphysem, Schrumpfniere dürften kaum noch durch eine diätetische Behandlung beeinflußbar sein, ebensowenig wie die Kalkablagerungen in den Gefäßen und im Herzmuskel. Hier kommt es darauf an, durch eine wirklich vollwertige Ernährung bereits den frühesten Veränderungen vorzubeugen, und das ist durchaus möglich, wie sich aus den Versuchen mit einer vervollständigten Diät 18a ergeben hat. Die Basis dazu ist eine vollwertige Getreidekost. Daß das von großen Umwälzungen in den Ernährungsgebräuchen der Menschen begleitet sein wird, ist selbstverständlich und darauf wird zum Schluß eingegangen werden.

DIE „INNERE SELBSTVERSORGUNG" (PARAPLASIE) UND DIE LÖSUNG DES RÄTSELS

Die Entstehung der zahlreichen Veränderungen bei der Diät 18a ist ein Rätsel, wenn man die Ergebnisse mit der herrschenden Ernährungslehre vergleicht. Es handelt sich auch nicht um eine direkte Mangelwirkung, wie bei den klassischen akuten Mangelkrankheiten, die alsbald zum Tode führen. Sondern hier sind zwei physiologische Funktionen eingeschaltet, deren Bedeutung man bisher völlig übersehen hat. Die eine Funktion ist eine interne biotische Steuerung von Lebenserscheinungen durch einen bisher unbeachteten Stoffaustausch, die andere ist ein bisher ungeklärter Unterschied zwischen vollwertigem Eiweiß und dem denaturierten Casein, wobei letzteres bislang in der Vitaminforschung benutzt wurde.

Es ist üblich geworden, daß man Ernährungsversuche besonders nach Gewichtskurven beurteilt. Es ist aber notwendig, bei diesen Kurven zu beachten, daß von Jugend auf ein Antagonismus zwischen Aufbau- und Abbaustoffwechsel stattfindet, und daß mit zunehmendem Alter der letztere überwiegt. Das kann man schematisch in Abb. 7 erkennen. Deshalb sollte man alle Ernährungsversuche an jungen, an erwachsenen und an alten Ratten anstellen. Das wird wohl immer unterlassen. Und daraus entstehen Widersprüche.

Bei Rachitis-Versuchen gilt als Ausgangsgewicht der Ratten 40 g, bei Beriberi-Versuchen 50 g, bei Pellagra-Versuchen 60 g. Diese bei jungen, im Wachstumsalter befindlichen Ratten erhobenen Befunde überträgt man dann auf den erwachsenen Menschen, was biologisch unlogisch ist. In den ersten Jahren meiner Arbeiten habe ich mich dieser Gewohnheit fügen müssen, auch noch bei den Versuchen mit GILLNÄS in Stockholm. Erst durch den Entschluß die Eiweißkomponente zu verändern und die aus äußeren Gründen erfolgende Notwendigkeit der höheren Anfangsgewichte wurde dieser „allgemeine Versuchsfehler" offenbar.

Die Aufdeckung, daß es sich bei den mesotrophischen Krankheiten nicht um direkte Mangelkrankheiten handelt, sondern um die Mitwirkung der in den Bindegeweben gestapelten Stoffe, die aus der Zucht- und Aufzuchtdiät stammen, hat den neuen Gesichtspunkt gebracht.

Eine besondere Bedeutung hat dieser Prozeß bei der Erklärung der Rachitis und der Entstehung der dafür typischen abnormen osteoiden Neubildungen. Denn es handelt sich nicht um Demineralisierung, sondern um eine Neubildung aus vorhandenen, infolge der Mangelkost unzureichenden Nahrungs- und Körperbestandteilen (siehe Seite 77).

RACHITIS UND RACHITISÄHNLICHE KRANKHEITEN

Bei Rachitisversuchen stammen diese Reserven aus der Muttermilch, sind qualitativ ausreichend, mengenmäßig unvollkommen. Deshalb reichen die Rachitisdiäten zwar aus, um rachitische Veränderungen entstehen zu lassen, können aber nicht das Leben erhalten. Aus diesem Mangel erklären sich die vielfachen Unklarheiten zwischen den Rattenversuchen und der Rachitis bei Kleinkindern.

Wiederholt wurde die Mesotrophie dadurch gekennzeichnet, daß zwar langes Leben möglich ist, daß dabei aber chronische Krankheiten auftreten. Langes Leben ist demnach nicht ein Beweis für eine vollwertige Nahrung, wie es manchmal dargestellt wird, sondern kann sehr wohl mit chronischer Krankheit verbunden sein. Das ist zugleich eine alte ärztliche Erfahrung. Es ist ein Zwischenglied zwischen Gesundheit und Krankheit (GALEN).

Die Erhaltung des Lebens wird durch die histologischen Zahn- und Gebißuntersuchungen erklärt, aus denen zu erkennen ist, daß durch die in das Dentin einwachsenden Gefäße eine Demineralisation eintritt, daß der Organismus also auf Kosten des Gebisses mit dem lebenswichtigen Kalk versorgt wird. Aus dem Auftreten der „Ostitis fibrosa", die makroskopisch der Rachitis ähnlich sein kann, ergibt sich die Notwendigkeit einer histologischen Untersuchung. Man kann dann zwei entgegengesetzte histologische Bilder finden: die „fibroide Malakie" und die „osteoide Malakie". Beide sind Rückschläge in frühe Skelettbildungen. Die „fibroide Malakie", meist als „Ostitis fibrosa" bezeichnet, zeigt einen schwammartigen, weichen Knochen, der infolge Kalkmangel nicht verkalken kann, aber reichlich Phosphor in der Nahrung aufweist. Die entgegengesetzte Bildung ist die „osteoide Malakie", die keinen Phosphor in der Nahrung besitzt, infolge Fehlens der Knochenkittsubstanz aber nicht verkalkt, auch wenn Kalk vorhanden ist. Zwischen diesen beiden Extremen liegen die „Rachitis und rachitisähnlichen Veränderungen".

Die Krankheiten lassen sich nur histologisch unterscheiden, zeigen röntgenologisch ganz ähnliche Bilder. Die eigentliche Rachitis ist durch die „osteoiden" Säume gekennzeichnet, die stets eine unvollkommene Neubildung sind, keine Folgen einer Demineralisation. Experimentell kann man beide Extreme sowie zahlreiche Zwischenstufen hervorrufen.

Beide Krankheitsformen sind durch eine gemeinsame Eigenschaft verbunden: sie zeigen eine „Schwäche des Stoffwechsels" und leiten damit über in das unten beschriebene Bild der Mesotrophie des älteren Lebewesens (siehe Vollwert I, Seite 179 ff.).

Das Bild der „fibroiden Malakie" haben STOELTZNER und SALGE um 1911 bei Hunden mit einer Fleisch-Fettdiät hervorgerufen und als „Osteoporosen" bezeichnet, eine Benennung, die nicht dem Wesen entspricht, da es sich nicht um eine „Rückbildung" der Knochen handelt, sondern um eine fehlerhafte Neubildung. Wenn man diese Hinweise beachtet, wird es möglich sein, das Wesen der Rachitis als eines komplizierten Mischvorganges auf dem Weg über die Rattenversuche auch für die kindliche Rachitis verständlicher zu machen.

Erwägt man diese Zusammenhänge, dann ist daraus zu folgern, daß man die weiteren Mesotrophieversuche mit steigendem Anfangsgewicht anstellen muß, also etwa 150, 200, 250 g usw. und daß man dann die auftretenden Erkrankungen zu untersuchen hat. Das kann man auch mit entsprechenden synthetischen Diäten machen. Eigene Versuche mit dieser Zielsetzung waren dem Verfasser infolge Mangels eines Instituts nicht mehr möglich.

Es ist durchaus wahrscheinlich, daß die kindliche Caries und Rachitis das Frühsymptom einer Mesotrophie des Wachstumsalters ist, dem sich dann weitere Veränderungen anschließen müssen, abhängig vom steigenden Alter (siehe Seite 77).

Mit diesen „Umbauerscheinungen" beginnen die später einsetzenden Umbauformen, die sämtlich die bindegewebigen Bestandteile der Organe betreffen, weil diese als „weniger lebenswichtig" eine natürliche Reserve darstellen und entwicklungsgeschichtlich betrachtet dem Organismus bei vorübergehendem Mangel die Erhaltung des Lebens ermöglichen, bei fortdauerndem Mangel allerdings zum „Verfall der Bindegewebe" führen müssen. Dann bilden sich minderwertige Ersatzgewebe, „Narben", und diese wirken sich rein mechanisch auf die lebenswichtigen angrenzenden funktionierenden Zellen aus.

Hier entstehen dann die „Alterskrankheiten", also Folge einer langdauernden Mesotrophie. Es handelt sich um einen physiologischen, an sich der Erhaltung des Lebens dienenden Prozeß, den man durch eine rechtzeitige vollwertige Nahrungszusammensetzung aufhalten könnte, vielleicht auch zur Rückbildung (= Heilung) bringen kann.

Wenn bei den zu jung eingesetzten Ratten nicht das normale Höchstgewicht erreicht wird, sondern eher eine Art Zwergwuchs, so liegt dies an einem Zusammenwirken von einer höchst unvollkommenen Diät mit zu wenig Reserven von der Zuchtdiät her. Hier muß man also neue Versuche mit älteren und alten Ratten anstellen.

Sieht man von dieser Aufklärung des früheren Wachstumsstillstandes ab, dann finden sich, wie unten noch ausgeführt werden wird, wohl alle Zeichen von krankhaften Veränderungen, die wir zu den sogenannten Zivilisationskrankheiten rechnen, die aber nicht auf die Zivilisation, sondern auf eine fehlerhafte chronische Mangelernährung zurückzuführen sind. Daß dabei nicht die klassischen Vitamine allein eine Rolle spielen, geht aus deren Versagen in Abb. 5 hervor. Wesentlicher sind die Bestandteile des Vitamin-B-Komplexes, kombiniert mit dem Mangel an sogenannten Spurenelementen. Ein nahezu unabsehbares Forschungsgebiet hat sich hier aufgetan. Das Problem vieler chronischer Krankheiten scheint experimentell lösbar zu werden.

Der Gesamtvorgang der Mesotrophie läßt sich etwa auf folgende Ursachen zurückführen:

1. Es muß reichlich hochwertiges (natives) Eiweiß (weißes mit Äther extrahiertes Casein) gegeben werden.
2. Vitamin B_1 muß (in ausreichender Menge) vorhanden sein.
3. Es muß ein Mangel an Vitamin-B-Komplex bestehen.
4. Es muß gleichzeitig ein Mangel an Kalk und Spurenelementen bestehen.
5. Der Stoffwechsel muß an der unteren Grenze der sogenannten Norm liegen („Schwäche des Stoffwechsels").

FINDEN SICH SOLCHE BEDINGUNGEN IN DER MENSCHLICHEN ERNÄHRUNG?

Auf Seite 34 ist die Diät 18a in Vergleich zu der alten Ernährungslehre wiedergegeben. Sie unterscheidet sich nur durch die Zugabe von Vitamin B_1 und die beiden Salze, Kaliumphosphat und Zinksulfat. Sonst stimmt sie mit der Kost von Lunin und von Bunge überein. Daß diese Autoren damals das Vitamin B_1 nicht kannten und verwenden konnten, ist begreiflich. Sonst aber ist die Diät 18a eine moderne Widerlegung der alten Ernährungslehre.

Wie soll man nun die Wirkung des Vitamin B_1 auffassen? Zweifellos führt sie nicht zur vollen Gesundheit, ermöglicht aber lange Lebensdauer. Und hier treffen wir auf eine neue Überraschung: mit dieser einfachen Kost ist das Phänomen der „verlängerten Lebenserwartung" aufgeklärt, die einerseits ursächlich dadurch möglich geworden ist, daß die früher tödlich wirkenden ansteckenden Krankheiten und die weiteren Fortschritte der gesamten wissenschaftlichen Medizin den „Frühtod" weitgehend aufgehoben haben, und daß sich nunmehr die Zusammensetzung der Zivilisationskost dahin auswirken konnte, daß die Menschen „länger" am Leben blieben, obwohl sie nicht gesünder geworden waren. Vielmehr zeigen uns die weit verbreiteten zunehmenden Zivilisationskrankheiten, daß die Gegenwart dadurch gekennzeichnet ist, daß langes Leben mit chronischen Krankheiten mannigfaltiger Art verbunden sein kann.

DIE VERVOLLKOMMNUNG DER DIÄTEN 18 bzw. 18a

Seitens des Verfassers liegen vor allem Versuche mit der alten Diät 18 vor, während die Diät 18a nicht mehr direkt geprüft werden konnte; daß die Ergebnisse sich trotzdem als gültig erweisen dürften, geht aus den unten erwähnten Versuchen von BERNÁŠEK hervor.

In Abb. 5 sind s c h e m a t i s c h e Gewichtskurven wiedergegeben, die nur auf relativ wenigen Versuchen beruhen, mit Ausnahme der untersten Kurve, die sich auf etwa 50 Ratten erstreckt.

Zwei Vitamingemische wurden als Grundgemische benutzt:

G e m i s c h I (klassische Vitamine): enthielt in der üblichen Tagesdosis B_1, B_2, B_4, Nicotinsäureamid, C, A und D_3. Das entspricht aus früheren Versuchen den Angaben in „Vollwert", Band I, Seite 73, Abb. 44, die sich über 11 Wochen erstreckten.

G e m i s c h II (Vitamin-B-Komplex): Calcium pantothenat, Folsäure, p-Aminobenzoesäure, Inositol, Cholinchlorid. Dieses Gemisch wurde teilweise aufgeteilt in Gemische, in denen einzelne der genannten Vitamine fehlten. Dazu wurde das Gemisch I gegeben.

E r g e b n i s : Aus Abb. 4 geht hervor, daß das Gemisch I (klassische Vitamine) lediglich die Wirkung des Vitamin B_1 hervortreten ließ, während die a n d e r e n V i t a m i n e k e i n e n E i n f l u ß erkennen ließen. Also: Gewichtsstillstand und Mesotrophiekurve. Nach 25 Wochen mußten die Versuche abgebrochen werden.

Aus den Wirkungen der Gemische I + II ging hervor, daß Pantothensäure unbedingt notwendig war, wenn Gewichtsanstieg erfolgen sollte, und das Fehlen einzelner Faktoren zu geringen Gewichtskurven führte. Eine V e r v o l l k o m m n u n g d e s G e w i c h t s trat aber erst ein, wenn a u ß e r d e m G e t r e i d e s c h r o t o d e r H e f e zugelegt wurde, so daß in beiden Produkten noch u n b e k a n n t e , z u r N o r m n o t w e n d i g e S t o f f e e n t h a l t e n s e i n m ü s s e n (siehe Anhang I.)

Aus diesen Versuchen geht hervor:

1. Die Vitamine des Gemisches I (klassische Vitamine) können den Verlauf der Mesotrophie nicht verhindern. Sie erscheinen „wirkungslos", bis auf das unentbehrliche B_1. Chronische Krankheiten treten auf.

Bedeutung der Pantothensäure für das Wachstum und die Zellenbildung

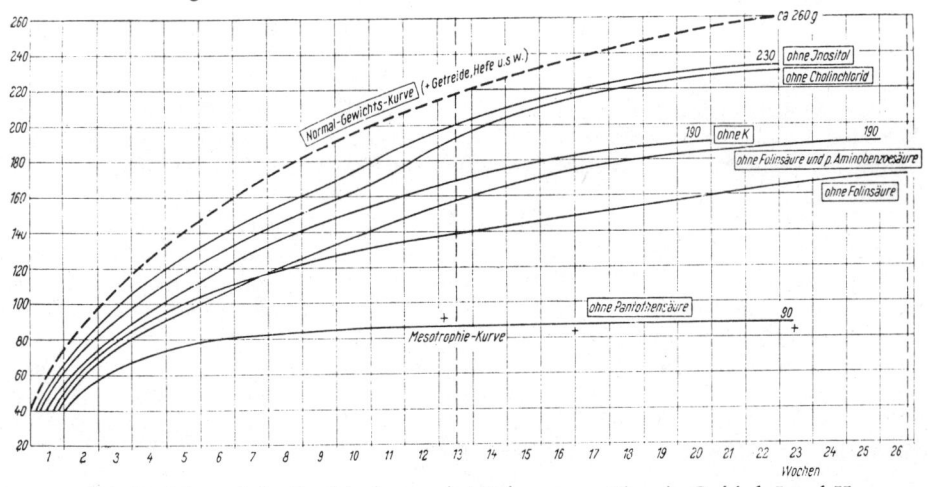

Abb. 5 Schematische Gewichtskurven bei Zulagen von Vitamin-Gemisch I und II
(Erklärung siehe Text)

2. Unter den Vitaminen des Gemisches II ist die Pantothensäure unentbehrlich, sie kann aber auch bei Zugabe von Folsäure, p-Aminobenzoesäure, Inositol, Cholinchlorid nicht zu optimalem Wachstum führen. Dabei haben diese Bestandteile des sogenannten B-Komplexes verschieden starke Wirkungen, doch bleiben die Gewichtskurven hinter der Norm zurück. Das ergibt sich, wie erwähnt, wenn man Getreideschrot zugibt: dann erst treten die optimalen Gewichtskurven ein. Welche Stoffe dabei wirksam sind, ist chemisch noch unbekannt.

Es handelt sich um Faktoren, die Temperaturen bis + 140–160° C vertragen, bei + 180° C endgültig zerstört werden. Die Faktoren werden bei Lagern an der Luft durch Oxydation vermittels von getreideeigenen Fermenten in etwa 1–2 Wochen bereits deutlich vermindert, nach etwa 2 Monaten sind sie wirkungslos. Setzt man die Oxydationsfermente durch vorsichtige Erwärmung so herab, daß sie auf etwa ¼ vermindert werden, dann können die in Betracht kommenden Stoffe bis zu einem halben Jahr noch gut erhalten bleiben (Vollwert I, Abb. III, Seite 198). Siehe Anhang I und III, Seite 99/100.)

Am einfachsten kann man synthetische Diäten, wie zum Beispiel Diät 18a (Mesotrophiediät), aber auch die anderen Diäten, wie ich sie verwendet habe (nach CHICK und ROSCOE), durch Verabreichung von Getreideschrot komplettieren. Nur ist daran zu denken, daß unsere Getreide infolge der Erschöpfung vieler Ackerböden oft schon mineralarm geworden sind, oder, was viel gefährlicher ist, durch radioaktive Isotopen oder Schädlingsbekämpfungsmittel vergiftet sind. Deshalb muß man bei der Wahl sehr vorsichtig sein, ebenso vorsichtig, wie bei der Beurteilung der Versuche. Sicher ist, daß es kein Lebensmittel gibt, das eine ähnliche umfassende Bedeutung für die Ernährung besitzt, wie die Hochzuchtgetreide; so daß alles daran gesetzt werden muß, deren Werte zu erhalten und voll auszunutzen, auch wenn man noch nicht alle Spurenstoffe kennt. Der Organismus hat sie doch nötig, auch wenn die Chemie noch nicht erforscht ist.

Es ist auch sicher, daß bei der Mesotrophiediät die klassischen Vitamine" des Gemisches I, mit Ausnahme des Vitamin B_1, belanglos erscheinen, weil sie keine Verbesserung der Gewichtskurven herbeiführen. Notwendig ist der sogenannte B-Komplex, ergänzt durch die noch unbekannten, biologisch aber nachweisbaren Stoffe. Es sei darauf hingewiesen, daß es sich um Spurenelemente handeln wird, vielleicht sogar um wenige Moleküle. Diese Fragen lassen sich experimentell lösen, wenn man die genannten Vitamingemische I und II durch Spurenelemente ergänzt. Das wiederholt erwähnte Salzgemisch Brunius (Seite 39) ist nach mündlicher Auskunft von BRUNIUS so entstanden, daß eine dauerhafte Zucht von Ratten nur durch eine solche systematisch gefundene Zusammensetzung möglich wurde (Vollwert I, Seite 203).

Es ist auch daran zu denken, daß bei der vollen Wirkung von Vitamin B_1 und dem B-Komplex auch der menschliche Organismus vielleicht die Fähigkeit besitzt, mehr Vitamine des Gemisches I zu synthetisieren als man bisher denkt, ähnlich wie die Ratte beim Vitamin C.

Und eine besonders wichtige Tatsache muß hervorgehoben werden: Aus allen meinen Versuchen mit verschiedenen denaturierten Nahrungsmitteln, zum Beispiel Konserven mannigfacher Art, ging hervor, daß die durch die Eingriffe unvermeidlichen Schäden, die zur Denaturierung führen, bei Verabfolgung von vollwertigem Getreide wieder „eine Renaturierung" erfahren können. So können vollwertige Getreideprodukte nicht nur dem Individuum helfen, sondern auch der Erhaltung der menschlichen Art dienen, also eine historisch bedeutsame Aufgabe erfüllen. Es darf gesagt werden: die bisherige Kultur läßt sich körperlich nur auf diese Weise aufrechterhalten*).

---

*) Nach neueren Untersuchungen könnte es sich bei den wirksamen Faktoren um das Biotin oder um das sogenannte Vitamin H handeln (?). (Siehe Anhang II.)

VON EINER UNSPEZIFISCHEN SCHUTZWIRKUNG DER „AUXONE"

Infolge der politischen Störungen war dem Verfasser unbekannt geblieben, daß in England bereits 1932 die unbekannten B-Vitamine als „Vitamin-B-Komplex" bezeichnet wurden. Er schlug seinerseits auf Grund des Wesens der physiologischen Wirkung die Bezeichnung „Auxone" vor, worunter Faktoren zu verstehen seien, die zur Zellvermehrung unentbehrlich sind. Sie sind von den pflanzlichen „Auxinen" (KÖGL) unterschieden. Hier wird der Vorschlag erneuert, zumal die Besonderheit dieser Faktoren immer deutlicher geworden ist. Der Mangel an Auxonen ist eine Voraussetzung der Mesotrophie. Sie haben aber noch andere unspezifische Gesamtwirkungen, wie aus folgender Beobachtung hervorgeht.

Im Jahre 1942 wurde bei der Bombardierung Rostocks auch mein Institut schwer betroffen, so daß zwei große Blindgänger in dem Gebäude lagen, das vor der Entschärfung nicht betreten werden durfte. Während dieser Zeit konnten die Versuchstiere nicht gefüttert werden und litten unter Hunger und Durst. Nach dem 5. Tage ergab sich, daß das Überleben von der Art der Diäten abhängig war. Von 130 Ratten

überlebten bei Vollkost von 24: 20 = 83,3%,
überlebten bei Mesotrophiekost von 35: 2 = 5,7%,
überlebten bei Mischkost mit reichlich Auxonen von 49: 29 = 35,5%,
überlebten bei Mischkost mit wenig Auxonen von 85: 7 = 8,24%.

Es ergab sich, daß den Auxonen, bzw. dem B-Komplex eine erhebliche Steigerung der Widerstandsfähigkeit zukommt, zum Beispiel wohl auch gegen den „Stress"-Komplex von SELYE.

GIBT ES EINE BESONDERE PATHOGENE WIRKUNG DES ISOLIERTEN VITAMIN-B-KOMPLEXES?

Als Ergänzung zu den bisherigen Ausführungen ist auf eine Beobachtung hinzuweisen, die allerdings nur auf wenigen Versuchen beruht, die aber doch Bedeutung haben kann. Bei den erwähnten Versuchen mit den Vitamingemischen I und II gab ich mehreren Ratten als Zulage nur das Gemisch II. Die Ratten zeigten etwa 6 Wochen lang keine Besonderheiten, waren zum Beispiel bei der morgendlichen Visite noch ganz gesund. Innerhalb einer halben Stunde aber starben fast alle und bei der Sektion fanden sich ausgedehnte Darmblutungen. Eine histologische Untersuchung konnte nicht mehr stattfinden. Der Hinweis aber scheint wichtig genug, zumal die Prüfung nur etwa 4–6 Wochen dauert.

Da mir die neueren Veröffentlichungen nicht mehr zugänglich sind, ist es mir nicht möglich, die Studien über den B-Komplex, die in den letzten Jahren erschienen sind, in vollem Umfang zu berücksichtigen. Sicher ist, daß man ohne den B-Komplex lange leben kann, daß man dafür aber chronische Krankheiten wie die Zivilisationskrankheiten bekommt.

DIE SEUCHENARTIGE AUSBREITUNG DER MESOTROPHISCHEN FEHLERNÄHRUNG

Im Gegensatz zu den akuten Mangelkrankheiten, die mit Ausnahme der Rachitis sämtlich zum Tode führen wenn nicht rechtzeitig die Diagnose gestellt und eine zweckmäßige Behandlung eingeleitet wird, ist die Mesotrophie viel schwerer zu erkennen, weil sie zu vielgestaltig ist. Hier steht die Forschung erst im Anfang.

Die gewissermaßen „amtliche" Ernährungslehre in Deutschland leidet daran, daß an sich richtige Tatsachen verfrüht verallgemeinert werden und daß man die Volksernährung auf unvollständig erkannte Lebensmittel ausgerichtet hat. Diese von Deutschland ausgehende Tendenz, die mit der Entstehung der Forschung durch LIEBIG und seine Schüler zusammenhängt, hat sich auf die zivilisierten Völker übertragen, besonders auf die englisch sprechenden Völker, wie England und die USA. Man hat immer neue Richtlinien aufgestellt, aber die Natur vergessen. Die Zivilisationskost wurde „uniformiert", man kann auch sagen „konformiert". Die Notwendigkeit der Bildung von Großküchen führte zu weiterer Vereinheitlichung. In welchem Umfang dies erfolgt ist, darüber orientieren folgende Angaben aus der FAZ (3. 9. 1966):

„Zur Zeit essen die 55 Millionen unseres Landes an 20 Millionen häuslichen Tischen, aber 18 Millionen – rund ein Drittel der Bevölkerung – erhält bereits täglich eine warme Mahlzeit aus einer der 25 000 Großküchen. Jeder fünfte bekommt das Essen aus der Betriebsküche."

Diese großen Küchen hätten also die Möglichkeit, für eine wirklich gesunde Kost zu sorgen, in der Vollkornprodukte, reichlich zeitbedingtes Gemüse angeboten und gut zubereitet werden. Wo dies nicht möglich ist, kann die Erziehung dahin gehen, daß d a s , w a s „i m D i e n s t" n i c h t v e r a b r e i c h t w e r d e n k a n n , z u H a u s e g e g e s s e n w i r d . Aber es heißt weiter:

„Noch fehlen für unsere Industrienahrung (die eigentlich identisch mit der unvollkommenen „Wissenschaftskost" ist!) bessere Deklarierungen, vor allem fehlen Daten, die den Zeitpunkt der Herstellung und die Grenze der Haltbarkeit angeben." K o n s e r v e b l e i b t K o n s e r v e , a u c h w e n n s i e n o c h s o a l t i s t !

„E t w a d i e H ä l f t e der für den Haushalt bestimmten Nahrungsmittel ist in der Bundesrepublik i n d u s t r i e l l v o r b e h a n d e l t und erreicht als halbfertige oder fertige Eßware die Küche." ... „Die hausgemachte Kost wird herabgesetzt, hinzukommen zahlreiche ‚Küchenapparate'". Es heißt dann weiter: „Diese Art Küchenideologie dient mehr dem Anheizen der industriellen Konjunktur als der Gesundheit oder dem Bedürfnis nach Individualität." In den politischen Lagern des Westens und Ostens findet man die gleichen Tendenzen, wenn auch in verschiedener Intensität. Der Westen ist zweifellos viel mehr gefährdet. Und die „unterentwickelten Länder" müssen gegen den Hunger kämpfen und können sich den gefährlichen Luxuskonsum nicht leisten.

Prüft man die Industrienahrung, so ist sie eine „statistische" Nahrung, der die individuellen Eigenschaften fehlen. In dieser „gleichmachenden Tendenz" kommen die Menschen zu einer konformistischen Gemeinschaftsnahrung, die den Nachteil hat, daß sie nur das enthält, was w i s s e n s c h a f t l i c h a n e r k a n n t i s t und was sich w i r t s c h a f t l i c h r e n t i e r t . Gesundheitsaufgaben treten in den Hintergrund, man denkt nur an sich und den eigenen Vorteil, nicht an die Sicherung der menschlichen Art und die Aufgaben des Menschen in der Natur. Gesetze helfen nichts, da sie die gleichen Fehlerquellen besitzen, außerdem durch eine sogenannte Lobby beeinflußt werden. Die modernen Informationsmethoden verhindern die Bildung eines eigenen Urteils, führen zur Vermassung. Und wenn schon die Maschinen ihrem Wesen nach „Prothesen" sind, so gibt es in der Chemie zahlreiche chemische Prothesen, in der Medizin ebenfalls solche, wie das *Insulin,* und am schlimmsten gibt es ein Maß von geistiger Gleichschaltung, das als „Handeln ohne Denken" zu bezeichnen ist, oder einfacher als das Ergebnis einer zunehmenden Verdummung durch geistige Prothesen, genannt Schlagworte.

Um so wichtiger ist es, daß die Mesotrophieversuche nicht nur für die Individuen wichtig sind, sondern daß diese sich auch ausdehnen auf die Ernährung der Gene und die Erhaltung der Generationen. Das geht aus den Versuchen von BERNÁŠEK hervor.

Über den Umfang der Industrienahrung orientieren einige Umsätze von amerikanischen Nahrungsmittelkonzernen: In der FAZ vom 3. 9. 1966 heißt es:

Ein Konzern hatte in einem Jahr für 1,6 Milliarden Dollar umgesetzt, ein zweiter für 5,1 Milliarden, davon allein in Deutschland 0,8 Milliarden = 3,2 Milliarden DM.

So ist es kein Wunder, wenn die Ernährungsumschau von 1966, Seite 299, bezüglich des Eiweißes sagt, daß „nicht die Gesundheit, sondern die Preise wichtig seien." „Die Wirtschaft steht gegen die Gesundheit."
Auch die Gesundheitsberufe helfen nicht. Der Eid des HIPPOKRATES galt nur für die alten Griechen. Der Kampf um eine gesunde Ernährung ist dem Kampf gegen Tabak, besonders gegen die Zigarette, ähnlich geworden: Das Geld herrscht und die wirtschaftlichen Interessen.

DIE FERN- BZW. DAUERWIRKUNG DER NAHRUNGSBESTANDTEILE ÜBER MEHRERE GENERATIONEN

Ragnar BERG hat (ohne Literaturangabe) berichtet, daß zwei Biologen, KEIL und NELSON (siehe Vollwert I, Seite 133), Ratten durch Zugabe von Kupfer und Eisen anscheinend normal am Leben halten konnten. In der zweiten Generation erlosch die Fortpflanzungsfähigkeit, Spuren von Mangan, Aluminium und Silizium führten wieder zu Fruchtbarkeit, doch in der fünften Generation kam es wieder zu verminderter Lebensfähigkeit und zu Sterilität, die durch Zink, Nickel und Kobalt behoben wurden.

Genauer sind die Versuche, die der tschechische Physiologe BERNÁŠEK seit 1963 veröffentlicht hat. Seine Diät hat er in dem Vortrag „Entwicklungsstörungen aus Mangel an nicht identifizierten Vitaminen" (Vitalstoffkonvent 1964) angegeben (siehe Seite 16):

Tabelle 3
Rattendiät von J. BERNÁŠEK

Grundnahrung:	Kasein, weiß, mit Äther gereinigt		285 g	
	Weizenstärke mit Äther gereinigt		600 g	
	Margarine		82 g	
	Margarine vermischt mit			
Fettlösliche Vitalstoffe:	Vitamin A	3000 I. E.	Ubichinon	4,0 mg
	Vitamin D	3000 I. E.	α-Lipoinsäure	10,0 mg
	Vitamin E	150 mg		
	Vitamin K	0,15 mg	Äthyllinolat	4,0 g
Wasserlösliche Vitalstoffe:	an „Vitaminen":		an „B"-Komplex:	
	Thiamin	0,08 mg	Pantothensäure	0,2 mg
	Riboflavin	0,08 mg	Inosit	30,0 mg
	Pyridoxin	0,05 mg	Folsäure	2,0 mg
	Niacin	0,2 mg	Cobalamin	0,15 µg
	C: fehlt		Biotin	2 µg
Mineralien:	an *Großelementen:*		an *Spurenelementen* in µg:	
	$CaCO_3$	15 g	KJ	50
	NaCl	4 g	$ZnCl_2$	80
	KCl	4 g	$CoSO_4 \cdot 7H_2O$	2,0
	$NaH_2PO_4 \cdot H_2O$	4 g	$AlNH_4(SO_4)_2 \cdot 12H_2O$	15
	K_2HPO_4	4 g	As_2O_3	5
	$FeSO_4 \cdot 7H_2O$	1,7 g	H_3BO_3	5
	$MgSO_4 \cdot 7H_2O$	0,25 g	KBr	12
	$MnSO_4$	0,04 g	NaF	4
	$CuSO_4 \cdot 5H_2O$	0,01 g	MoO_3	1

BERNÁŠEK verwendete also weißes, mit Äther extrahiertes Casein, also „natives Eiweiß", wie ich in meinen Mesotrophieversuchen.

Mit dieser Diät konnte BERNÁŠEK normales Wachstum und Fortpflanzung erreichen, doch in der zweiten Generation kam es zu Kümmerformen, in der dritten zu Mißbildungen und Totgeburten und von der vierten Generation an starben die Zuchten aus. Dabei ist die Kost von BERNÁŠEK ein genaues Modell der heutigen „Wissenschaftskost", die demnach für das individuelle Dasein ausreichend sein könnte, **für die Erhaltung der Generationen aber unzureichend ist.**

BERNÁŠEK hat ferner berichtet, daß er den **Verfall der Generationen dadurch verhindern konnte, daß er Zugaben von Getreideschrot** bzw. Getreidekeimen verabreichte.

BERNÁŠEKs Angaben sind noch genauer wiederzugeben:

Die Diät bestand zu 62,5% aus Weizenstärke und zu 27% aus Casein, das mehrfach mit **Äther extrahiert** wurde. Auf Grund einer Anfrage teilte BERNÁŠEK dem Verfasser mit, daß er „**weißes" süßes Casein** benutzt habe, also offenbar **ein Material, das weitgehend dem vom Verfasser benutzten weißen Rohcasein Merck** entsprach.

Die Kontrollen bekamen besonders Weizenschrot (58%), Trockenvollmilch, Calciumkarbonat und synthetische Vitamine. „**Die Versuchsdiät muß einige Faktoren vermissen**, denn viele Lebensprozesse, die an Kontrolltieren ganz normal verlaufen, stocken an Versuchstieren mehr und mehr, um eventuell in einer der nächstfolgenden Generationen völlig zu versagen" (BERNÁŠEK).

BERNÁŠEK fand bei den toten Ratten Veränderungen im Nervensystem, an den Fortpflanzungsorganen, der Nebennierenrinde und an **Knochen und Gelenken**; ferner gab es eine verminderte Resistenz gegen Infektionen.

In eigenen Versuchen fand KOLLATH **Sterilität** bei den Mesotrophieratten. Auf Grund der Versuche von KEIL und NELSON kam er zu der Folgerung (Vollwert I, Seite 133):

„Die Annahme ist wohl gestattet, daß man der zunehmenden Nahrungsverfeinerung der europäischen Ernährung über drei bis vier Generationen (seit etwa 1840) eine derartige, über die Generationen hinweg wirkende gesundheitliche Schädigung zuschreiben könnte. Diese Annahme erklärt viele Befunde, die sich nicht ausreichend durch die Mangelernährung des Individuums erklären lassen. Man wird dabei erwägen dürfen, daß vielleicht manche Störung, die als ‚erbbedingt' erscheint, in Wirklichkeit auf einen solchen Mangel in den Generationen zurückzuführen wäre."

Es ist ein glückliches Zusammentreffen, daß unabhängig voneinander nicht nur vom Verfasser, sondern von BERNÁŠEK das **weiße, mit Äther extrahierte Casein benutzt** wurde, und nicht das in der sonstigen Vitaminforschung üblich gewordene alkohol-denaturierte, gelbliche Casein. Daß dadurch weitere einseitige Reaktionen eintreten mußten, hat man nicht erwogen. Wie stark dieser Einfluß ist, wird unten gezeigt werden.

Sicher ist, daß es **noch bisher unbekannte Faktoren** gibt, deren **Mangel** sich nicht schon kurzfristig bemerkbar macht, sondern **erst nach Jahrzehnten, ja, nach mehreren Generationen**. Hier können wohl nur noch **einige Moleküle**, vielleicht von Spurenelementen, wirksam sein. Die üblichen chemischen Bestimmungsmethoden scheinen aussichtslos. Der biologische Versuch muß an die Stelle treten. Nach eigenen Versuchen ist es möglich, aus Hefe hochkonzentrierte Extrakte zu gewinnen, die wasserlösliche Bestandteile enthalten und im Rattenversuch wie Getreidekeime wirken.

MESOTROPHIE UND RHEUMA

In den Rattenversuchen des Verfassers fehlt der Nachweis von rheumatischen Erkrankungen, was gegen die Gültigkeit für den Menschen angeführt werden könnte. Das kann man in der Tat bisher noch nicht erreichen. Dafür steht uns aber für den Menschen ältere Literatur zur Verfügung, der in den dreißiger Jahren gedrehte Rheumafilm von Miß

HARE, über 66 Versuche von Miß HARE, über die der Verfasser berichtet hat (Klinische Woche. 1939, Seite 557 ff.), wurde den Patienten eine kochsalzfreie pflanzliche Rohkost gegeben. Es lagen schwere Gelenkveränderungen vor, die vielleicht den Befunden von BERNÁŠEK ähnlich sein könnten. Hier jedenfalls sollte man weiter suchen.

12 Fälle von chronischem Rheuma wurden 14 Tage mit pflanzlicher Rohkost ernährt, dann wurde gemischte Kost gegeben, indem folgende Zusätze zu der Rohkost gegeben wurden: Gemüsesuppe, Eier, Fleisch, Brot, Käse, Milch. Nur K o c h s a l z w u r d e f o r t g e l a s s e n. Es wurden in der Rohkostdiät berechnet täglich: Kohlehydrate 145 g, Eiweiß 25 g, Fett 143 g; bei Zulage die Werte 146 g, 66 g und 142 g. Eine Kalorienberechnung ist nicht angegeben.

Als Rohkost wurde gewählt: Salate, Tomaten, Wurzeln, Orangen, Zitronen, Grapefruit, Aprikosen, Backpflaumen, Haselnüsse, Paranüsse, g e q u e t s c h t e r H a f e r ; zur Zubereitung dienten Salatöl, wenig Zucker, Milch, Sahne. An Flüssigkeiten wurden Tee und Wasser gegeben (es fehlen in dieser Kost also unsere verbreitetsten Obstsorten: Äpfel, Birnen, frisches Steinobst, sowie Beerenobst).

Miß HARE weist vor allem darauf hin, daß die Zubereitung und Verabreichung sorgsam und ästhetisch einwandfrei sein muß. „Denn sonst ist der Anblick und Geschmack der Nahrung unappetitlich und auch der willigste Patient kann sie nicht essen"*).

Außer dieser Ernährung wurde während der Versuchszeit k e i n e a n d e r e H e i l m a ß n a h m e b e n u t z t, a u c h k e i n e B e h a n d l u n g g e g e n f o k a l e I n f e k t i o n. Die Krankheitsfälle umfaßten 8 nichttoxische und 4 toxische Fälle. Gegen die letzteren erwies sich die Diät allein als ziemlich unwirksam. Auch schwere Knochenveränderungen waren kaum beeinflußbar. Von diesen Einschränkungen abgesehen, stellte Miß HARE aber fest:

„Die Besserung beginnt am 4. oder 5. Tage, die Veränderungen waren verblüffend nach 14 Tagen." Anfangs sinkt das Gewicht schneller, dann weniger. Bei der nichttoxischen Gruppe nahm die Blutsenkung zu, bei der toxischen blieb sie verlangsamt." Im Film sind 4 Fälle aufgenommen, darunter ein sehr schwerer Fall.

Miß HARE sieht i n d e r K o c h s a l z a r m u t d e n w e s e n t l i c h e n H e i l f a k t o r, ohne jedoch andere Faktoren endgültig auszuschließen. In der Zeit v o r d e r K r a n k h e i t u n d B e h a n d l u n g nahmen alle ihre Patienten einen Ü b e r s c h u ß v o n K o h l e h y d r a t e n u n d e i n e r h e b l i c h e s D e f i z i t a n G e m ü s e u n d F r ü c h t e n zu sich.

Der Film läßt eindeutig erkennen:
1. Es gibt nichttoxische Formen von chronischem Rheuma, die bei kochsalzfreier Rohkost bzw. vorwiegend Rohkost ausheilen.
2. Wo toxische Ursachen mit vorliegen, tritt eine Heilung nicht ein. Durch Erfahrung wissen wir ferner:
3. Gekochte, auch rein pflanzliche Nahrung, hat nicht die gleichen Heilerfolge. V i t a m i n z u l a g e n w i r k e n n i c h t h e i l e n d.

Aber auch die übliche medikamentöse Therapie hat Versager, ebenso die Radiumbehandlung und die physikalische Therapie.

Aus diesen komplizierten Tatsachen geht eines hervor:
U n g e k o c h t e k o c h s a l z f r e i e p f l a n z l i c h e K o s t k a n n d o r t n o c h H e i l u n g h e r b e i f ü h r e n, w o V i t a m i n e v e r s a g e n. K o c h s a l z a r m u t a l l e i n k a n n e i n e s o g r o ß e W i r k u n g n i c h t e r k l ä r e n. Man muß sich doch wohl die F r a g e vorlegen: G i b t e s i n d e r N a h r u n g

---

*) Der Vortrag wurde mit Vorführung des Films von Miß HARE 1939 in Rostock gehalten. Seitdem sind mancherlei neue Befunde erhoben worden, die Grundlagen für eine weitere Forschung geben.

noch andere, hitzelabilere Stoffe als Vitamine, die vielleicht als Träger physiologischer Wirkungen in Betracht kommen?

DIE DERZEITIGE WISSENSCHAFTLICHE ERNÄHRUNGSLEHRE UND DER VERFALL DER BINDEGEWEBE BEI DER MESOTROPHIE

Besonders interessant wird dieses Krankheitsbild durch die Ernährung, die Kühnau für alte Menschen empfiehlt, wobei er hervorhebt, daß sie sich eigentlich grundsätzlich nicht von der Ernährung der jüngeren Menschen zu unterscheiden brauche. Da er keine genauen Anweisungen gibt, ist man auf die Diät-Vorschläge angewiesen, die er für je eine Woche als Ernährung für alte Menschen macht. Er empfiehlt reichlich tierisches Eiweiß, mittlere Mengen Fett und wenig Kohlehydrate, dazu einige Naturprodukte mit klassischen Vitaminen. Es fehlen aber völlig Vollkornprodukte, also der B-Komplex, denn zwei Scheiben Knäckebrot und eine Scheibe Vollkornbrot und ein Eßlöffel Haferflocken pro Woche kann man nicht als ausreichend für eine Versorgung mit dem Vitamin-B-Komplex anerkennen. Infolgedessen ist Kühnaus Ernährungsregime grundsätzlich noch das gleiche wie die alte Ernährungslehre, da vom chemischen Standpunkt aus gesehen dieselben Stoffe verabreicht werden, wie Lunin und von Bunge sie gegeben haben. Zwar empfiehlt er täglich ½ Liter Milch, doch ist deren Qualität in den meisten Fällen durch die üblichen und gesetzlich vorgeschriebenen Molkereimaßnahmen nicht vollwertig. Dazu sei auf die Versuche von Pottenger und Simonssen verwiesen(siehe Seite 66).

Vom chemischen Standpunkt aus sind Kühnaus Diätvorschriften auch identisch mit der Mesotrophiediät 18a, deren Folgen für die Entstehung der chronischen Krankheiten oben beschrieben wurden, besonders bezüglich des „Verfalls der Bindegewebe". Und wenn man die Folgerungen aus diesen Analogien zieht, so lauten diese:

Kühnau empfiehlt grundsätzlich immer noch die alte Ernährungslehre, und beschreibt die dabei entstehenden chronischen Krankheiten. Entgegen den guten Erfahrungen, die Kochsalzarmut bedeutet, rät er geradezu zu Kochsalz, weil es „Wasserretention" zur Folge habe. Daß diese seine Kost zur Mesotrophie des Menschen führen muß, hat er nicht erkannt. Er erklärt diese chronischen Verfallskrankheiten als „unaufhaltsam und unwiderruflich" und verurteilt die Menschen, die sich mit seiner Kost ernähren, somit zur chronischen Krankheit, verbunden mit langem Leben, wie aus seinen eigenen Worten hervorgeht.

Daß der Komplex der Mesotrophie auch beim Menschen in vollem Umfange auftritt, ergibt sich aus Kühnaus Buch „Richtige Ernährung im Alter". Kühnau unterscheidet zwei Gruppen von Alterskrankheiten, eine, die er als „physiologisches Altern" bezeichnet, das man durch individuelles Verhalten wie körperliches und geistiges Training weitgehend hinausschieben kann, und eine zweite Gruppe, die er folgendermaßen beschreibt.

„Eine wirkliche, unaufhaltsame und unwiderrufliche Veränderung (vom Verfasser gesperrt) im Verlauf des Älterwerdens erleiden dagegen die bindegewebigen Gerüste des Körpers, die den Organen ihren inneren Zusammenhalt und den Sehnen, Faszien, Gelenkbändern, Gefäßwänden der Haut, dem Knorpel und Knochen Zugfestigkeit und Elastizität verleihen. Das Bindegewebe als ein nicht unmittelbar am Stoffwechsel teilnehmendes, mit seiner Stützfunktion gewissermaßen nur dienendes, träge reagierendes und langlebiges Strukturelement des Körpers; neigt von vornherein zu Erscheinungen des „Alterns", die sich in einer allgemeinen Tendenz zur Verfestigung, Versteifung, Erstarrung äußern." ... „So kommt es, daß die meisten Erkrankungen des höheren Lebensalters solche des Bindegewebes ... sind: Erkrankungen der Gelenke, der Sehnen und Bänder, des Knorpels und Skeletts, der Blutgefäßwände und der Haut, kurz alles das, das laienhaft unter der Bezeichnung „Rheumatismus" und „Arteriosklerose" zusammengefaßt wird ..." Daß dabei zusätzlich weitere Ursachen, und nicht nur die Ernährung, mitwirken, ist sicher. Man braucht nur den Komplex „Stress" von SELYE zu erwähnen.

Dieses nach KÜHNAU u n v e r m e i d l i c h e chronische Krankheitsbild beim Menschen e n t s p r i c h t g e n a u d e r R a t t e n m e s o t r o p h i e m i t z w e i A u s n a h m e n : die Rattenmesotrophie ist zu v e r m e i d e n, wenn man V o l l k o r n p r o d u k t e z u s ä t z l i c h v e r a b r e i c h t, während die Menschen-Mesotrophie bei der von KÜHNAU g e l e h r t e n E r n ä h r u n g m i t r e i c h l i c h t i e r i s c h e m E i w e i ß „u n w i d e r r u f l i c h" ist. Und die C a r i e s, die KÜHNAU nicht einbezieht, setzt sich aus e x o g e n e n und e n d o g e n e n Ursachen zusammen, von denen KÜHNAU nur die exogenen, den Zucker, anerkennt, die endogenen nicht erwähnt.

Die Rattenversuche haben also auch hier volle Gültigkeit für den Menschen, was KÜHNAU in seinem Fortbildungsvortrag in Davos ausdrücklich betont hat; nur die Versuche des Verfassers sollen auf Grund von „statistischen" Beweisen davon eine Ausnahme machen. Versuche lassen sich aber nicht durch Statistik widerlegen.

Die Situation ist sehr einfach: Bei der von KÜHNAU empfohlenen, an tierischem E i w e i ß r e i c h e n D i ä t – f ü r j ü n g e r e u n d ä l t e r e P e r s o n e n – g e h e n d i e M e n s c h e n, d i e s i c h d e r a r t i g e r n ä h r e n, n a c h K Ü H N A U S e i g e n e n W o r t e n, „u n a u f h a l t s a m u n d u n w i d e r r u f l i c h" c h r o n i s c h e r K r a n k h e i t u n d d e m S i e c h t u m e n t g e g e n. Gelingt es aber, die Menschen zu der von mir vorgeschlagenen G r u n d n a h r u n g m i t V o l l g e t r e i d e p r o d u k t e n zu bringen, dann g e l a n g t m a n m e h r u n d m e h r w i e d e r z u d e r u r s p r ü n g l i c h e n G e s u n d h e i t der Individuen und der folgenden Generationen.

DAS FRISCH-SCHROT-GERICHT

Es ist nicht notwendig, daß man seine Ernährung grundsätzlich ändert, sondern es dürfte nach den bisherigen Erfahrungen ausreichen, wenn man von Jugend auf dem Gewicht und Alter entsprechend ein bis drei Eßlöffel von eingeweichtem Vollkornschrot oder Vollkornflocken, zubereitet als schmackhaften Brei mit Zugabe von geriebenem Obst (je nach Jahreszeit, vor allem Äpfel), etwas Zitronensaft, gemahlenen Nüssen oder Mandeln, und mit Zugabe von Milch oder Sahne regelmäßig als erste Mahlzeit zum Frühstück ißt. Dieses Gericht hat als „Kollath-Frühstück" bereits weitgehende Verbreitung gefunden. Es muß nur darauf geachtet werden, daß die Getreideprodukte wirklich aus hochkeimfähigem Getreide hergestellt wurden und daß sie nicht durch lange Lagerung ihre Werte verlieren. Deshalb wurde ein Herstellungsdatum eingeführt. Drei Monate kann der Vollwert erhalten bleiben, und dann sinken die Werte langsam, bleiben aber immer noch hoch über dem Gehalt des Weißmehls.

In seinem bekannten Kampf gegen meine Versuche hat KÜHNAU versucht, einen Trumpf auszuspielen: „Wenn KOLLATH recht hätte, so wäre dies das Todesurteil der zivilisierten Menschheit und ihrer Kultur." So schlimm ist es nicht, es muß nur jenes falsche Ernährungsdogma berichtigt werden, wie KÜHNAU es vertritt.

Genau wie man Skorbut und Beriberi auf Grund der Tierversuche vermeiden kann, kann man die F o l g e n d e r M e s o t r o p h i e v e r m e i d e n. Neben der Chemie wird die Pathologische Anatomie mitzureden haben. Sonst verliert man die solide exakte Basis der wissenschaftlichen Medizin und setzt die Zellularpathologie von VIRCHOW außer Kurs.

Wiederholt wurde betont, daß die Versuche keineswegs abgeschlossen sind, sondern jetzt erst eigentlich beginnen müßten. Dazu werden mehrere Vorschläge gemacht. Bei diesen Versuchen muß man allerdings die Unterschiede zwischen der Durchschnittsnahrung der Menschen und den synthetischen Diäten der Ratten stets vor Augen haben. Kein Mensch ißt synthetische Diäten, und doch sind deren Z u s a m m e n s e t z u n g e n geeignet, um Ursachen und Heilungen von Krankheiten zu erkennen.

Ferner wird man praktisch zu beachten haben, daß die Menschen sich zwar in zwei bis drei Generationen an die moderne denaturierte Nahrung „gewöhnen" können, daß sie d i e s e G e w ö h n u n g a b e r m i t c h r o n i s c h e r K r a n k h e i t , b e g i n n e n d m i t d e m G e b i ß v e r f a l l b e z a h l e n m ü s s e n . Es ist wesentlich sicherer, sich auf die seit 10 000 Jahren bewährte Voll-Getreidekost zu verlassen, als auf eine knapp 100 Jahre alte „Wissenschaftskost". Der Weg der Natur geht über viele Tausende von Jahren (siehe Anhang II).

Das Abgehen von einer vollwertigen Getreidenahrung ist eine Folge der übereilten Übertragung unvollständiger wissenschaftlicher Teilerkenntnisse auf die Durchschnittsnahrung und deren industrielle Produktion. Sie hat die Entstehung des Maschinenzeitalters zur Voraussetzung und muß als ein z w a n g s l ä u f i g e s h i s t o r i s c h e s E r e i g n i s betrachtet werden. Es handelt sich, um das ganz eindeutig auszusprechen, darum, daß man die M e s o t r o p h i e k ü n s t l i c h e r z e u g t hat, gewissermaßen e i n e k ü n s t l i c h e S e u c h e d e s V e r f a l l s d e r G e s u n d h e i t herbeigeführt hat, die man jetzt noch bekämpfen kann, nach 2–3 Generationen aber wahrscheinlich mit dem gesundheitlichen Verfall der zivilisierten Völker wird büßen müssen.

Die mesotrophischen künstlich erzeugten Krankheiten dürften auf die Dauer s ä m t l i c h v e r m e i d b a r sein. Und die Folgen wären eine wirklich zunehmende und statistisch nachweisbare Gesundheit. Nach HIPPOKRATES ist „G e s u n d h e i t d a s b e s t e M i t t e l z u r V e r m e i d u n g v o n K r a n k h e i t".

Nachdem die Bedeutung dieser Versuche und auch der ärztlichen Erfahrungen bisher verkannt worden ist, ist es an der Zeit, sie sinngemäß in die wissenschaftliche Medizin einzubauen und sie weder zu verschweigen noch zu bekämpfen. Das hat der Natur gegenüber gar keinen Sinn. Was falsch sein sollte, wird sich doch herausstellen und dazu muß man eben die notwendigen Versuche machen. Die Nichtachtung hat die Forschung um mehr als 20 Jahre aufgehalten. Es wird Zeit, nunmehr das Versäumte nachzuholen.

VORSCHLÄGE FÜR DIE WISSENSCHAFTLICHE FORSCHUNG

1. Ein außerordentlicher Nutzen der Mesotrophiemethodik besteht darin, daß man „halbgesunde" Ratten mit Sicherheit in beliebiger Menge erhalten kann, und deren Reaktion mit denen von wirklich vollwertig ernährten Ratten vergleichen kann. Das ist sehr leicht, wenn man einerseits die Diät 18a benutzt, o h n e Zulage von Vollkornschrot, andererseits die gleiche Diät m i t der Zulage. Man wird also i n Z u k u n f t m i t s o l c h e n D o p p e l r e i h e n z u a r b e i t e n h a b e n und die einseitigen bisherigen Vitaminversuche werden sich als unvollkommen erweisen, wenn nicht als Versuchsfehler.

2. Die Anwendung dieser Methoden sind zu denken
   a) bei Krebsforschung,
   b) bei Stressversuchen,
   c) bei pharmakologischen Prüfungen. Vielleicht wäre die C o n t e r g a n - K a t a s t r o p h e z u v e r m e i d e n gewesen, wenn man solche Doppelreihen benutzt hätte. Das kann für alle neuen synthetischen Substanzen gelten.
   d) Prüfung von Zusatzstoffen zu Nahrungsmitteln, Konservierungsmitteln, Farbstoffen, Geschmacksstoffen.

e) In der Bakteriologie und Serologie.

f) In der Klinik, um eine Meßmethode für eine „Schwäche des Stoffwechsels" auszuarbeiten.

g) Zur Prüfung von Nahrungsgemischen, wie der sogenannten alkalotischen und azidotischen Kost. Nach KATASE soll bei alkalotischer Kost bei Tieren Arteriosklerose, Leberzirrhose, Lungenemphysem, Arcus senilis und Katarakt auftreten, also das Syndrom der Mesotrophie. Man wird nach dem Gegenstück zu suchen haben, der Auswirkung der acidotischen Kost.

h) Man wird zu prüfen haben, ob wir die natürlichen Werte der Zuchtgetreide bisher wirklich voll ausgenutzt haben. Das ist sehr fraglich. Der Aufstieg der Menschheit ist seit 10 000 Jahren aufs engste mit der Getreidekultur verbunden. Dazu sei auf das Buch des Verfassers „Getreide und Mensch – eine Lebensgemeinschaft" verwiesen. Alle großen Kulturen sind auf Getreidebasis entstanden, nicht auf Fleischbasis.

i) Die Chemie wird danach zu suchen haben, um welche Stoffe es sich beim Getreide handelt, es können sowohl fett- wie wasserlösliche Stoffe sein, aber auch Spurenelemente sein. Daß es uns gelungen ist, aus Hefe wirksame Konzentrate herzustellen, wurde erwähnt. Sicherlich gibt es noch viele Pflanzen, die diese Stoffe enthalten, doch am reichsten sind die Samen (Getreide) und Hefen, sodann die Wachstumszonen der grünen Pflanzen. Wesentlich ist, daß die klassischen Vitamine ohne diese Faktoren außer dem Vitamin B_1 keine erkennbare Wirkung gehabt haben.

k) Eine sehr aussichtsreiche Versuchsreihe kann dadurch angesetzt werden, daß man die Mesotrophiediät oder entsprechende Variationen mit den S t r e s s v e r s u c h e n von SELYE verbindet.

l) Bei allen Versuchen wird man die Bedeutung der Altersverschiedenheiten zu beachten haben, denn jugendliche Individuen müssen nun einmal anders reagieren als erwachsene oder gar alte (siehe Abb. 4).

m) Vorsichtig wird man auch sein müssen, wenn man die in einem Käfigklima, einem Schonklima erhaltenen Resultate, auf den Menschen überträgt.

Das sind aber nur einige wichtige Probleme, die hier als Anregung gegeben werden.

DIE KRANKENHAUSERNÄHRUNG

Der Tatbestand der Mesotrophie schafft eine neue Basis für die Beurteilung der Krankenernährung. Es hat sich allmählich herumgesprochen, daß die übliche Krankenhauskost unzureichend ist, und daß sie der Heilung der Krankheiten meist nicht förderlich ist. Auch die üblich gewordenen Diätküchen liefern eine Nahrung, die zwar geeignet sein kann, bestimmte Symptome bei bestimmten Krankheiten zu mildern, die aber auf die Dauer dem Gesunden verabreicht, diesen krank machen kann. Das kann mit pflanzlicher Rohkost, richtig zubereitet, nicht geschehen.

Die Ernährung nach BIRCHER-BENNER ist zwar bekannt, hat sich aber immer noch nicht in dem notwendigen Umfang durchgesetzt. Sie hat den Vorteil, daß sie v i e l e S p e z i a l d i ä t e n   ü b e r f l ü s s i g   m a c h t   u n d   u n s p e z i f i s c h   b e i   v i e l e n K r a n k h e i t e n   d e r   H e i l u n g   z u t r ä g l i c h   i s t. Diese Grundkost wird man mit den vom Verfasser vorgeschlagenen Vollgetreidegerichten zu vervollständigen haben. Neben dem für die Therapie so wichtigen bekannten Bircher-Müesli hat der Verfasser zum Frühstück einen Getreide-Frischbrei vorgeschlagen („Kollath-Frühstück"), der nicht nur den Vitamin-B-Komplex enthält, sondern auch die noch unbekannten Stoffe des Vollgetreides. Man kann, wie oben gesagt, diesen gemahlenen oder gequetschten Getreiden dadurch eine gewisse Haltbarkeit verleihen, daß man die Oxydationsfermente in diesen Vollgetreiden auf etwa 25–30% herabsetzt. Andernfalls fallen die wirksamen

Stoffe bereits nach wenigen Wochen einer oxydativen Zersetzung anheim. Die übliche Mühlenindustrie kann solche biologisch hochwertigen Produkte bisher nicht liefern.

Holtmeier in Freiburg/Br. hat das Verdienst, daß er sich an einer Universitätsklinik diesen Aufgaben, der Kritik der Klinikkost, gewidmet hat. Meist trifft man auf schärfste Widerstände seitens der Verwaltung und der Küchen. Dabei liegen Beobachtungen vor (Netter), aus denen hervorgeht, daß eine sinnvolle Umstellung der Schwesternkost eine wesentliche Verbesserung der Zähne und des Gebisses zur Folge hatte.

Netter berichtete über eigene Erfahrungen bei Schwangeren, die Gingividen und Caries hatten. Sie bekamen das Kollath-Frühstück, mit Zugaben von Milch und Milchprodukten. Nach Beseitigung der cariösen Defekte kam es zum Stillstand der floriden Caries, nach 3–6 Monaten sogar zu einem Schwinden der Entkalkungszonen im Zahnhalsbereich und teilweise sogar im Schmelzbereich. Auch bei Parodontosen ergaben sich gute Heilwirkungen. In einem Diakonissenheim, in dem die Schwestern einen ungünstigen Zahn-Kiefer-Befund aufwiesen, führte eine gleiche Diätänderung im Verlauf von zwei Jahren zu einem deutlichen Rückgang des Cariesbefalles, einem Nachlassen der Entkalkung und zu einem Aufhören der im Zahnfleisch sich besonders manifestierenden Entzündungsbereitschaft! Die Erfahrungen im Kinderheim von Lüdersen (siehe Kollath: Ordnung unserer Nahrung, 5. Auflage, Seite 197) konnten ebenfalls gemacht werden.

Holtmeier hat in einem Vortrag darauf hingewiesen, daß seit 1959 bereits 64% der arbeitenden Menschen vorzeitig arbeitsunfähig werden, vor Erreichung der Altersgrenze. „An der Spitze stehen ernährungsbeeinflußbare Erkrankungen. Prophylaktische Maßnahmen sollten somit im Vordergrund ärztlicher Bemühungen stehen. Nirgends sind dem Arzt so segensreiche Möglichkeiten gegeben, der Entwicklung lebensgefährdender Krankheiten durch rechtzeitige Aufklärung vorzubeugen. Auch in Deutschland hat sich Übergewichtigkeit (nach den USA) zur gefährlichsten ‚Volksseuche' entwickelt." Übergewichtigkeit kann die Folge einer „Schwäche des Stoffwechsels" sein.

VERHÄLTNIS DES AUFBAU- UND ABBAUSTOFFWECHSELS WÄHREND DER VERSCHIEDENEN LEBENSALTER

Beim Menschen kann man das Wachstumsalter etwa bis zum Beginn der zwanziger Jahre rechnen, das Gleichgewicht des Erwachsenseins bis zum 50.–60. Jahre. Dann treten die Rückbildungsprozesse ein, individuell sehr verschieden.

In der Vitaminforschung hat man diese Gesetzmäßigkeit bisher wenig beachtet, da man die Mehrzahl der Vitaminversuche an jungen Ratten anzustellen pflegt und die Ergebnisse dann ohne weitere Prüfung auf ältere Menschen überträgt. Daß dies ein Denkfehler ist, dürfte einleuchten. Man muß diesem verschiedenen Verhältnis von Aufbau und Abbau gerecht werden. Hier fehlen aber die meisten systematischen Versuche. Insbesondere wird man die Mesotrophieversuche hier fortsetzen müssen, wo der Verfasser infolge Fehlens eines Laboratoriums sie 1945 abbrechen mußte. Doch auch die anderen bekannten synthetischen Diäten sind neu zu prüfen.

Beachtet man den Unterschied zwischen Aufbau und Abbau, dann ergibt sich eine Zweiteilung der bisher bekannten Vitamine: eine, die man als „klassische Vitamine" bezeichnen kann (Abbau-Vitamine), und eine zweite (Aufbau-Vitamine), die man als Vitamin-B-Komplex bezeichnet (oder „Auxone"). Daß diese in den verschiedenen Altersstufen verschiedene Wirkungen haben, ist zu erwarten. Am wichtigsten für die Altersforschung dürfte die Mesotrophie-Diät 18a werden und die möglichen Variationen.

Die entscheidende Wirkung des Vitamin B_1 beruht mit größter Wahrscheinlichkeit darauf, daß es für die Decarboxylierung der Brenztraubensäure notwendig ist*), und daß die letztere sowohl beim Abbau des Eiweißes, der Kohlehydrate wie der Fette eine Schlüsselstellung einnimmt. Daher stammt wohl die entscheidende lebenswichtige Bedeutung, die das B_1 vor allen anderen Vitaminen voraus hat. Das betrifft den Abbaustoffwechsel.

Für den Aufbaustoffwechsel gibt es wahrscheinlich auch einen solchen Faktor, der vielleicht mit der Pantothensäure verwandt ist, sich aber auch noch unter den unbekannten Faktoren befinden kann.

Intensität des Aufbau- und Abbau-Stoffwechsels

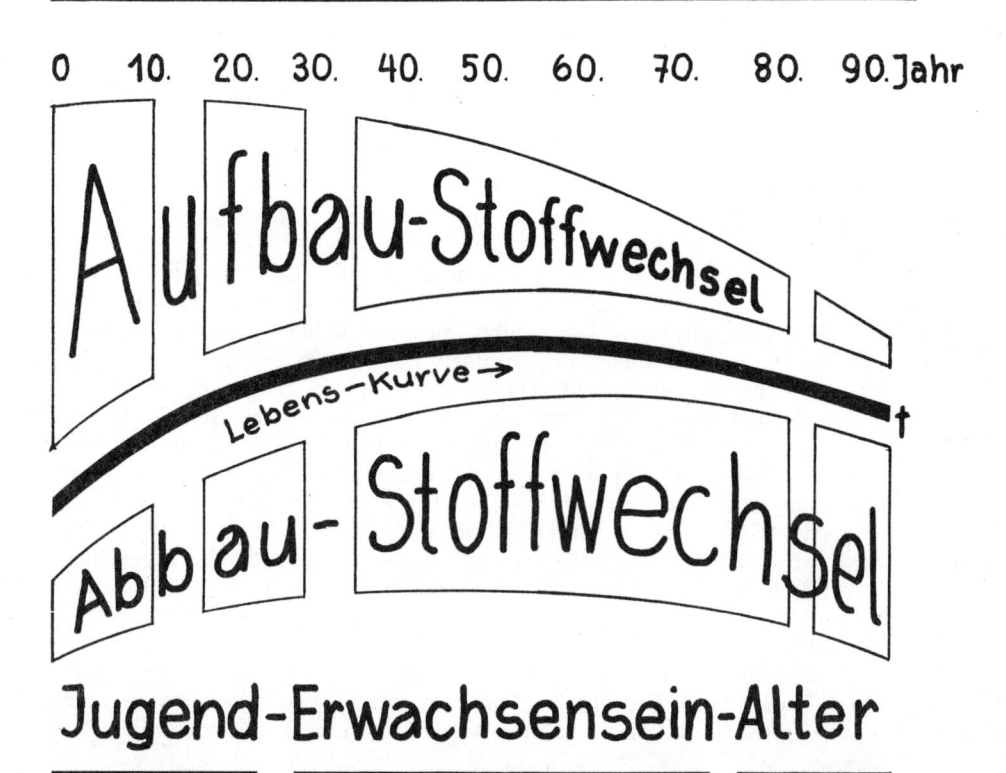

Abb. 6

Bisher macht die Ernährungsphysiologie keinen Unterschied zwischen der Intensität der Aufbau- und der Abbauvorgänge, sondern faßt beide unter dem Oberbegriff des Grundumsatzes, des Sauerstoffverbrauchs und ähnlicher Summenbegriffe zusammen. Es geht aber aus der Vitaminforschung unzweifelhaft hervor, daß jeder dieser Begriffe aus zwei Komponenten zusammengesetzt ist, die im Laufe des Lebens eine gegensätzliche Veränderung erleiden: der **Aufbau-Stoffwechsel nimmt ab, der Abbau-Stoffwechsel nimmt zu.** Beide zusammen ergeben dann die **individuelle „Lebenskurve"**, die aufzuteilen ist in „Jugend", „Erwachsensein" und „Alter". In der Abb. 6 sind diese Grundbegriffe schematisch dargestellt.

---

*) Vitamin B_1 ist das Co-Ferment der Carboxylase.

Studiert man die bisherigen Methoden, die man in der Physiologie des Stoffwechsels angewendet hat, so gelten diese nahezu ausschließlich dem Abbaustoffwechsel, zum Beispiel dem Umfang der Oxydationen. Hingegen gibt es bisher keine zuverlässige Methode, mit der man die Intensität des Aufbaustoffwechsels messen könnte. Das bedeutet, daß die derzeitige Physiologie einseitig auf den Abbaustoffwechsel ausgerichtet ist und die Bedeutung der Aufbauprozesse sowie ihre Voraussetzungen und Folgen nicht bestimmen kann. Da das Entstehen der Mesotrophie aber, wie sich experimentell ergeben hat, von der „Schwäche des Stoffwechsels" abhängig ist, ist es möglich, daß diese „Schwäche" eine solche des Aufbaustoffwechsels sein dürfte.

Es läßt sich sicher nachweisen, daß die chemischen Abbauprozesse nicht ausreichen um einen normalen Aufbau zu erreichen, sondern daß sie – allein stattfindend – zu Gewichtsabnahmen und zum Tode führen. Folgerungen, die man allein aus ihnen zieht, müssen folgerichtigerweise unzureichend sein.

Auf diesem Mangel beruht das Mißverstehen, das man seitens der herrschenden Ernährungswissenschaft der Mesotrophielehre entgegengebracht hat. Es ist deshalb noch ein Hinweis notwendig, wie man diese Lücke vielleicht ausfüllen könnte:

BEDEUTUNG UND THEORIE DER REDOX-POTENTIALE

Seit Justus VON LIEBIG in dem Wesen der Atmung und der Verwertung der Nahrung die Oxydation erkannt hat und sie als eine „Verbrennung" bezeichnet hat, herrschen über das wirkliche Wesen der „Atmung" keine zutreffenden Vorstellungen. Denn die Atmung ist keine Verbrennung, sondern eine wohlgeordnete Reihenfolge von Teil-Oxydationen, von Stufen, wie wenn das Gefälle eines Flusses durch Stauung in einzelne Phasen aufgeteilt wird, und das Gefälle dann durch sinnvolle Einrichtungen zu Arbeitsleistungen benutzt wird. Auf diese Weise wird die Gesamtenergie nutzbar, ohne Schaden anzurichten. Fällt aber eine Stufe aus, dann fällt auch die entsprechende Arbeitsleistung aus und es kommt zu Störungen, die sich sowohl nach aufwärts wie nach abwärts fortsetzen. Einen solchen örtlichen Verlust nennen wir beim Menschen „Krankheit". In den Gewohnheiten des Menschen liegt es begründet, daß einzelne Staustufen besonders leicht geschädigt werden, in der Konstruktion der Staustufen liegt die Empfindlichkeit oder Widerstandsfähigkeit begründet.

Diese Aufteilung ist ein entwicklungsgeschichtlich zu verstehender Vorgang, dessen älteste Teile relativ am zuverlässigsten und haltbarsten sind, während die jüngeren bei denen größere Massen mitwirken, am empfindlichsten sind. Die ältesten haben geringe Umsätze, die jüngsten große. Man muß stets an einen vom Gebirge kommenden Fluß denken.

In der lebenden Substanz nennt man diese Stauwerke „Redox-Systeme", wobei die ältesten zum Beispiel die Sulfhydril-Systeme sind, die mittleren einige „Abbau-Vitamine", und die jüngsten die sogenannten „Atmungsfermente". Das wäre leicht verständlich, wenn man bei der Bezeichnung die ältesten nicht als die „negativen", die jüngsten als die „positiven" bezeichnet hätte, so daß man in den Beschreibungen und dazu gehörenden Kurven stets die Vorgänge „auf den Kopf stellt". Im folgenden werden sie der Richtung entsprechend beschrieben: also vom „Negativen" zum „Positiven".

Am einfachsten stellt man sich die Funktion der „Redox-Systeme" wie die eines Mühlrades vor, das um eine Achse gedreht wird, die ihrerseits die erforderliche Arbeit leistet. Dabei entstehen Stoffwechsel-Abbauprodukte, die ihre eigene Aufgabe im Organismus haben, und die eigentlich zum Gebiet der sogenannten physiologischen Chemie gehören. Die Redox-Systeme gehören zur physikalisch-chemischen Forschung. Die abnormen Stoffwechselprodukte darf man also nicht als eigentliche Krankheitsursachen ansehen, sondern als die Folgen der ursächlichen „physikalischen" Störung. In dies Gebiet gehören im Bereich des „Negativen" die „Gärung", im mittleren Bereich die sogenannten Stoffwechselkrankheiten einschließlich der Avitaminosen, und im „Positiven" die bösartigen Tumoren.

Aus der Theorie und den Meßmethoden ergibt sich die Zugehörigkeit zur Elektrophysik.

Und noch ein Letztes ist zu sagen: die Leistungsfähigkeit der Redox-Systeme regelt die Leistung des Stoffwechsels: werden sie zu stark belastet, so muß es ebenso zu Störungen kommen, wie wenn sie zu gering belastet werden. Zu stark wäre zum Beispiel Überernährung, zu wenig wären Hungerzustände. Und eine naturgemäße Nahrung regelt alles „von selbst", eine denaturierte Nahrung muß zu Störungen führen.

Diese nunmehr so einfach erscheinenden Prozesse sind nicht nur auf die Reaktion mit dem Sauerstoff zurückzuführen, sondern setzen sich aus drei verschiedenen Reaktionstypen zusammen, die ihrerseits als Reduktion bzw. Oxydation bezeichnet werden und infolge der Eigenheit der Redox-Systeme in sich selbst „reversibel" sind. Sie wirken dann, vermittels der sich drehenden „Achse", auf die irreversiblen Stoffe ein, zum Beispiel Zucker, Fette und Eiweiße.

Diese Auswirkungen betreffen den Abbaustoffwechsel, der schätzungsweise 90–95%/o des Gesamtstoffwechsels ausmacht. Der Aufbaustoffwechsel könnte indirekt auch dadurch beeinflußt werden, daß es einzelne Redox-Systeme gibt, die in geringster Menge die Aufgaben der Desoxyribonucleinsäure und der Ribonucleinsäure beeinflussen. Es ist höchst merkwürdig, daß von Bunge bereits 1880 in den unbekannten Eiweißstoffen „Nucleine" vermutete.

Nach der Auffassung von Clark gibt es drei verschiedene Formen der Reduktion und Oxydation; je nachdem es sich um Sauerstoff, Wasserstoff (im Sinne Wielands) handelt, oder um Elektronen. So gelangt man zu drei verschiedenen Formen, die e n e r g e t i s c h z w a r e i n h e i t l i c h sind, c h e m i s c h a b e r v e r s c h i e d e n sind. Man hat folgende Formen zu unterscheiden:

E n e r g i e b i n d u n g	und	E n e r g i e e n t b i n d u n g
1. Aufnahme von Elektronen		1. Abgabe von Elektronen
2. Aufnahme von Wasserstoff (Hydrierung)		2. Abgabe von Wasserstoff (Dehydrierung)
3. Abtrennung von Sauerstoff also „R e d u k t i o n"		3. Anlagerung von Sauerstoff also „O x y d a t i o n"

Elektronenübertragung bzw. -abspaltung ist der Vorgang, der als „Wertigkeitswechsel" bezeichnet wird. Wiederum aber treffen wir auf eine nicht mehr zu beseitigende chemische Bezeichnung.

„E i n wertige Cu'-Ionen werden zu z w e i wertigen Cu''-Ionen, z w e i wertige Fe''-Ionen werden in alkalischer Lösung zu d r e i wertigen Fe'''-Ionen „o x y d i e r t". Bei diesem Prozeß finden Z w i s c h e n r e a k t i o n e n statt, die eine Verbindung zwischen dem oxydierten Molekül und dem verbrauchten Sauerstoff herstellen."

Nun kann man aber auch v ö l l i g o h n e S a u e r s t o f f z u l e i t u n g die Umwandlung der Cu'- in Cu''-Ionen erreichen, wenn man Fe'''-Ionen zugibt. Diese w i r k e n d a n n w i e S a u e r s t o f f als „Oxydationsmittel", werden aber selbst zu Fe''-Ionen reduziert.

Demnach ist der „Wertigkeitswechsel" wie er in diesem Versuch in Erscheinung tritt, ein „gekoppelter Redoxvorgang", bei dem Energie abgegeben und an anderer Stelle gebunden wird. Es gibt „Ketten" von solchen Red-Ox-Molekülen, die aufeinander einwirken, und die Bezeichnung „höhere oder niedrigere Wertigkeit" haben sie von ihrer Eigenschaft als „Oxydationsmittel" gegenüber einem anderen „negativen" System erhalten, das auf sie selbst reduzierend wirkt, und selbst oxydiert zurückbleibt.

„Die Vorgänge des Energiewechsels sind stets gekoppelt aus Reduktions- und Oxydationsvorgang, doch bestehen folgende verschiedene Möglichkeiten:

1. Ein Stoff ist vollkommen reversibel reduzierbar und oxydierbar; derartige Stoffe nennt man ideale Redoxsysteme. Streng genommen gilt die bisherige Lehre von den Redoxpotentialen nur für diese.

2. Ein Stoff ist irreversibel reduzierbar bzw. oxydierbar. Diese Stoffe sind keine Redoxsysteme, sondern entweder Reduktionsmittel oder Oxydationsmittel. Sie benötigen zu großer Wirkung auch große Mengen, während die idealen Redoxsysteme auch bei geringer Menge große Umsätze bewirken können, wenn ausreichend Zeit zur Verfügung steht und auch wirkt.

Aus den drei verschiedenen Möglichkeiten von Reduktions- bzw. Oxydationsprozessen (vermittels Elektronen, Wasserstoff oder Sauerstoff) ergibt sich, daß die Red-Form stets die energiespendende ist, die Ox-Form die energieempfangende ist. Daß also das „Gefälle" von dem stärker wirkenden Reduktionsmittel zu dem schwächer wirkenden Reduktionsmittel verläuft, das seinerseits zu einem immer stärker werdenden Oxydationsmittel führt. Es finden also entgegengesetzt gerichtete „gekoppelte Redox-Vorgänge" statt, in die man durch elektrometrische Messungen (nach CLARK) eine Ordnung gebracht hat (siehe Tabellen 4–6). An sich gehen diese Versuche zurück auf VANT' HOFF, und fußen auf der Nernstschen Theorie der Stromerzeugung.

Die Gasbeladungstheorie entspricht der Formel $H_2 = 2 H^+ + 2 \varepsilon^*$). Das heißt, es entstehen zwei „freie Elektronen", die W. F. KOCH als „Freie Radikale" bezeichnet (dort Seite 97).

Die Elektronen-Theorie folgt der Formel $Red \rightleftarrows Ox + 1 \varepsilon$.

Dabei hat die „Ox"-Stufe die Neigung, von der unangreifbaren Metallelektrode Elektronen anzunehmen, die „Red"-Stufe aber die Neigung, Elektronen an die Edelmetallelektrode abzugeben. Im Gleichgewichtszustand befindet sich dann auf der Metalloberfläche ein Überschuß (oder ein Defizit) von freien Elektronen, verglichen mit dem elektroneutralen Zustand des Metalls (l. c. S. 821).

BANCROFT hat bei seinen Red-Ox-Messungen alle Werte auf die Normalwasserstoffelektrode bezogen, und erhielt dabei folgende Werte:

Vom Reduktionsmittel

Stannochlorid in KOH	– 0,578 Volt	H_2SO_3	+ 0,705 Volt
Hydroxylamin in KOH	– 0,333 Volt	Kaliumferricyanid	+ 0,785 Volt
Pyrogallol	– 0,200 Volt	Kaliumbichromat	+ 0,910 Volt
Jod, KOH	+ 0,213 Volt	Cl, KOH	+ 0,960 Volt
Stannochlorid, HCl	+ 0,219 Volt	Kaliumjodat	+ 1,210 Volt
$CuCl_2$	+ 0,441 Volt	Kaliumpermanganat	+ 1,490 Volt

zum Oxydationsmittel.

Bei diesen Arbeiten fehlte noch das Verhalten der reduzierten (Red) zur oxydierten (Ox) Stufe.

Alle diese Werte sind aber „relativ", da es weder ein reines Reduktions- noch Oxydationsmittel geben kann. Die Natur vermeidet Extreme.

Die biologisch in Betracht kommenden Redoxsysteme liegen zwischen der Wasserstoffelektrode mit einer Voltspannung von –0,4 und der Sauerstoffelektrode mit einer Voltspannung von + 0,810. Jenseits dieser beiden entgegengesetzt wirkenden Elektroden gibt es „Überspannungen", beruhend auf Superoxyden, Chlor usw. Die Gesamt-

---

*) ε = Elektron.

differenz zwischen der H_2- und der O_2-Elektrode beträgt bei pH = 7,0 1,231 Volt. In diesem Rahmen müssen sich demnach die biologisch wichtigen Redoxsysteme finden lassen (siehe Tabelle 6).

Da nun die „Richtung" der Reduktionsintensität von den „negativen" Systemen zu den „weniger negativen", schließlich zu den „positiven" Systemen geht, müssen auch die Lebensvorgänge diesem Gefälle folgen, das heißt die oxydativen Abbauvorgänge verlaufen so, daß die Reduktionsintensität abfällt, die Oxydationsintensität hingegen zunimmt.

BIOTISCHE BEDEUTUNG DER REDOX-POTENTIALE

Aus der Bedeutung der „Richtung" des chemischen Geschehens, also der „Qualität" der Redox-Systeme, ihren Eigenschaften, ergibt sich folgende, aufs einfachste gebrachte „Ordnung":

Tabelle 4

Wasserstoff-Überspannung	Stärkste Reduktionsmittel drosseln die energetischen Funktionen	
Stark negative Potentiale (Hydrierung, Dehydrierung)	Anaerobier, Gärung	Symbionten (Parasiten)
Übergangsfunktionen	Fakultative Aerobier Fakultative Anaerobier	Verlustfunktionen
Positive Potentiale	Aerobier Atmung	Parasiten
Sauerstoff-Überspannung	Oxydierende Wirkungen führen zur Zerstörung der organischen Substanz	

Die biotisch wichtigsten Substanzen sind in Tabelle 5 eingetragen:

Infolge der falschen Bezeichnung nennt man die reduzierenden Potentiale die „negativen", die oxydierenden die „positiven". Das ist ein alter Fehler in der Nomenklatur der Elektrizitätslehre, der nicht mehr auszurotten ist.

Welche Bedeutung den Redoxsystemen zukommt, ergibt sich aus der nächsten Tabelle.

Beim Baz. Coli ist noch eine Besonderheit zu erwähnen: der Normal-Coli wirkt stark oxydierend, besitzt also „positive" Redox-Systeme. Verliert er sie, dann gelangt er in das negative Gebiet und kann zum Beispiel Neutralrot nicht mehr reduzieren. Wir können dann von „Krebs-Coli" sprechen.

Diese rein physikalischen und chemischen Daten mögen ergänzt werden mit den medizinischen Folgen.

Die in diesen Tabellen angeführten Zahlen und Ordnungen stammen aus Arbeiten um 1938. Sie müßten auf die Gegenwart gebracht werden, was dem Verfasser nicht möglich ist. Die wesentlichen Stufen dürften aber unverändert Geltung haben.

Im Jahre 1931 sprach der Verfasser in der Schlesischen Gesellschaft für Vaterländische Kultur in der Biologischen Sektion bei der Sitzung vom 29. Januar zu einem vorhergehenden Vortrag über Glutathion, zur Diskussion. Der Name des Vortragenden läßt sich zur Zeit nicht mehr feststellen. Die Diskussionsbemerkung trug den Titel:

„Über den Begriff des Oxydations-Reduktionspotentials und seine Bedeutung in der Medizin und Biologie." Er stützte sich dabei auf Vitalfärbungsversuche mit alkalischem Methylenblau bei Tauben, sowohl Normaltauben, wie bei Beriberi-Tauben und Hunger-

Tabelle 5

Physikalische Ordnung der Redoxsysteme

Skala	negativste Systeme	Gärungs-produkte	Vitamine	positive Systeme
H₂-Elektrode Volt		„Krebs-Coli"?		
	Hefen Thioglykolsäure Zucker	Xanthin Xanthinhydrat-Harnsäure		
— 0,167	(Leberzellen)	Lactat-Pyruvat Isopropylalkohol-Azeton		
	Glutathion? Kathepsin	Lactat-Pyruvat? Alkohol-Acetat-Aldehyd	Vitamin B₂	
— 0,1	(Papain)		Gelbes Atmungsferment (Toxoflavin)	
± 0,0	Bact. coli	Bernsteinsäure-Fumarsäure	(Vitamin B₁ als Co-Ferment der Carboxylase) Vitamin C (Vitamin D und A geschützt durch Vitamin C)	Alloxan-Dialursäure Hämoglobin-Methämoglobin „Roter Körper" Zytochrom Homogentisinsäure Benzochinonessigsäure
	Normal-Coli			Dioxyphenylalanin Oxydiertes Adrenalin „Rotes Atmungsferment" Thiochrom Katalase Peroxydasen
O₂-Elektrode				

Differenz insgesamt bei pH = 7,0: 1,231 Volt

tauben, unter Zusatz von verschiedenen pharmakologisch wirksamen Substanzen. Der Wortlaut des Eigenreferats war der folgende:

„Die Einführung eines neuen Begriffs in die Medizin und Biologie, wie es der Begriff der Redoxpotentiale darstellt, wird begreiflicherweise auf Skepsis stoßen. Zu oft ist es eingetreten, daß neue Methoden nicht die Hoffnungen erfüllten, die man im Anfang an sie gestellt hatte. Hier dürften nun die Redoxpotentiale berufen sein, ergänzend zu wirken; insofern als das pH uns einen Einblick in das Milieu, die Redoxpotentiale aber einen Einblick in die Funktionen geben. Vor Überschätzung wird man hier schon durch die schwierige Untersuchungstechnik geschützt.

Es ist wahrscheinlich, daß der normale Körper seine Redoxpotentiallage ebenso energisch festhalten wird, wie die Temperatur und das pH. Deshalb wird uns nur die Erforschung der pathologischen Änderungen einen Einblick in die normale Bedeutung geben.

Tabelle 6

Volt	Wichtige Systeme	Mangelkrankheiten	„Hypovitaminose" unspezifische Begleitsymptome
— 0,200	Vitamin B₂ Glutathion		bei Phloridzin?
— 0,100	Gelbes Atmungsferment		Ultrarot, Röntgen ↓
— 0,000		Beriberi ↓	Hunger Neuritiden (Alkohol usw.) Schmerzen
	Vitamin C	Skorbut Keratomalakie	Narkose, Schmerzstillung ↓
+ 0,100		(Rachitis) ↓	Tuberkulose ↓
	„Roter Körper"	Pellagra? ↓	Lepra?
			Addisonsche Krankheit ↓
			Blaulicht ↓
+ 0,300	„Cytochrom"		Carcinogene Stoffe. oxydierend wirkende Desinfektionsmittel.

Die Pfeile geben die vermutliche Richtung der Potentiale an.

Hier möchte ich erwähnen, daß auf Grund meiner früheren Versuche (es handelt sich um die Versuche, die in meiner Arbeit ‚Gewebsatmung und Strahlende Energie', Strahlentherapie 35, 1930, Seiten 444—488, zusammengefaßt sind) diese Potentiale abhängig sind von der Ernährung; bei Beriberi zum Beispiel werden sie ‚positiver', bei extremem Hunger ‚negativer'. Unter sonst unveränderten Bedingungen werden sie voraussichtlich nach der Theorie auch bei Alkalose ‚negativer', bei Acidose ‚positiver'.

Redoxsysteme haben einen großen Einfluß auf Wachstum und Ansatz. Ein stark negatives System, wie zum Beispiel die SH-Gruppen, bestimmt zum Beispiel den anaeroben Stoffwechsel der Influenzabazillen (Pfeiffer-Bazillen). Bei Luftanwesenheit ist die Zufuhr eines positiveren Systems notwendig, wie zum Beispiel Hämatin-Hämochromogen. Ersteres System wurde bisher als V-Faktor, letzteres als X-Faktor bezeichnet.

Diese selben Systeme wirken aber auch im Darm, wenn man eine vitaminfreie Ernährung gibt. So kann zum Beispiel ohne diese Systeme bei einer bestimmten Nahrung bei Ratten Skorbut erzeugt werden. Gibt man aber Hämatin hinzu, dann tritt Beriberi auf. (Damals war das Vitamin B_1 noch nicht bekannt.) Die Wirkung ist kompliziert und erklärt sich teilweise durch Entgiftung ungesättigter Fettsäuren, teilweise durch Aktivierung von Pankreasdiastase. Vermutungsweise kann die Annahme ausgesprochen werden, daß sich aus einer veränderten Lage der Redoxpotentiale im Darm jene Situation entwickelt, die bei weiterer Einseitigkeit in der Nahrung eine Vorbedingung zum Auftreten der Avitaminosen sein kann. Die Bedeutung der Redoxpotentiale für die Tätigkeit der Fermente muß deshalb wohl in erster Linie untersucht werden. Erwähnt muß werden, daß sich durch viele Stoffe, zum Beispiel Peptone, Traubenzucker, Histamin, auch d u r c h N a r k o t i c a d i e R e d o x p o t e n t i a l e b e e i n f l u s s e n lassen.

Daß diese Theorie auch in der Bakteriologie von großer Bedeutung sein wird, geht daraus hervor, daß sich nach den Untersuchungen englischer Autoren die Anaerobiose nicht nur durch die Luftabwesenheit, sondern auch durch die Anwesenheit ‚stark negativer' Systeme definieren läßt, während nach den Erfahrungen beim IB bei der Aerobiose ‚positivere' Systeme hinzukommen müssen."

Die folgenden Ausführungen physikalisch-chemischer Natur sind notwendig geworden, durch das soeben erschienene Buch von William Frederick Koch, „Das Überleben bei Krebs- und Viruskrankheiten".

DER „ÜBERLEBENS-FAKTOR" VON W. F. KOCH
(Seite 60, Tab. 5)

Um die Bedeutung dieses Buches zu verstehen, müssen hier wenigstens die Krankheiten angeführt werden, bei denen unzweifelhafte Heilungs- oder Vorbeugungswirkungen berichtet werden. Insgesamt scheint es sich darum zu handeln, daß die heilenden Funktionen mit den Redoxpotentialen zusammenhängen, also **unspezifische Vorgänge im Gewebsstoffwechsel darstellen**, wie es in den oben erwähnten theoretischen Arbeiten des Verfassers seit 1930 dargestellt wurde. Es scheint W. F. Koch gelungen zu sein, besonders stark „positive", also stark oxydierende „Redoxsysteme" zu finden, die beide bei der üblichen Lebensweise der zivilisierten Völker oder durch lebende Mikroorganismen oder etwa Viren geschädigt werden. Faßt man diese Redoxpotentiale als Ergebnis uralter physiologischer Funktionen auf, die von den einfachsten Lebewesen und den Einzellern bis zu den Warmblütern sich erbmäßig entwickelt haben, dann beginnt erstes Leben mit Sauerstofffreiheit und führt in Abhängigkeit von dem durch die Lebenstätigkeit der Pflanzen freiwerdenden Sauerstoff bis zu den sogenannten Atmungsfermenten und den Peroxydasen usw. **Die zuletzt erworbenen Stufen werden am leichtesten geschädigt**; gehen verloren und es bleiben die früheren Stufen übrig, oder, gemeinverständlich ausgedrückt: **die Zellatmung wird zuerst geschädigt, und die Zellgärung bleibt übrig**. Das heißt, es kommt zum Krebsstoffwechsel, wie ihn erstmalig Heinrich Jung aufgefaßt hat und ihn später Otto Warburg übernommen hat. Auf den zahlreichen Stufen, die dem Abbau zugehören, können örtlich verschiedene Phasen ausfallen und wir sprechen dann von „spezifischen" Ursachen und von „spezifischer" Therapie. Das war bisher der Weg der künstlichen „wissenschaftlichen" Medizin, die Alleingültigkeit für sich beansprucht hat.

Die Möglichkeit, daß pathogene und therapeutische Funktionen mit den Redoxpotentialen zusammengebracht werden, eröffnet eine neue, wissenschaftliche, aber unspezifische natürliche Medizin, in der sowohl die stark negativen, wie die stark positiven Redoxsysteme unentbehrlich sind und am besten dann zur Wirkung gelangen, wenn die Nahrung und die Umweltbedingungen diesen Funktionen gerecht werden können. Um einen Überblick über den Umfang der Heilungsmöglichkeiten zu gewinnen, sei hier eine kurze Zusammenstellung von Krankheiten gegeben, bei denen W. F. Koch über offenbar unzweifelhafte Erfolge berichtet. Es ist aber zu betonen, daß es Fehlwirkungen gibt, die mit gasförmigen Narkoticis, Bestrahlungen, einer übermäßigen Fleischkost, einem Fehlen naturnaher Lebensmittel usw. zusammenhängen. Ferner gehört zum Erfolg eine allgemeine unspezifische Behandlung, Darmpflege, Fortlassen stark wirksamer Arzneimittel usw., kurz, es ist eine **Umgestaltung der gesamten Medizin notwendig**. So gibt es in der gegenwärtigen Medizin offenbar zahlreiche Verfahren, die zwar spezifische „Heilungen" vortäuschen, dabei aber mit anderen Verlusten und Schädigungen einhergehen; eine Erfahrung, die sich mehr und mehr auszubreiten scheint und die einer neuen Medizin auf einer unspezifischen Basis den Weg bereitet.

Aus dem Buch von W. F. Koch seien Tierkrankheiten und menschliche Krankheiten erwähnt, die allerdings in ihren Verlaufsformen an „Wunder" grenzen; erwähnt seien Fälle von Krebs, Sarkomen, Lymphosarkomen, Leukämien, Tuberkulose, Pyämien durch

Staphylokokken, Gonorrhoe, Hepatitis epidemica, Bronchiektasen, Fibrogenesen, Arteriosklerose mit seniler Demenz, Coronarverschluß, Allergien, Poliomyelitis mit Paralysen, Gelenkerkrankungen, von Tierkrankheiten, Schweinepest. Am erstaunlichsten aber sind die Auswirkungen bei Tollwutinfektion bei 650 Zebo-Kühen, die mit dem Fleury-Typ der Lyssa infiziert wurden. 23 von diesen Kühen erkrankten an virulenter Tollwut und starben unter den typischen Zeichen. Im Gehirn fanden sich Negrische Körperchen. 6 von diesen Kühen gab Koch im typischen Endstadium sein Mittel, insgesamt 13 Kühen am Beginn oder bei fortgeschrittener Krankheit. Koch behandelte einige mit Diphenochinon, 1 Teil auf 1 Million, andere mit noch höheren Verdünnungen: 1 Billionstel eines Mikrogramms seines Serien-Systems von Carbonylgruppen, in einer Dosis von 10 Mikrogramm. Von den 13 behandelten Fällen machten 11 vollständige Heilungen durch und 2 starben (siehe Seite 157/8). Man muß diese Krankengeschichten im Original lesen und man muß die Tollwut kennen, wie auch der Verfasser aus seiner Mitarbeit an der Tollwutstation am Hygiene-Institut in Breslau von 1923 bis 1935, um diese Wunder zu begreifen. Denn daß es sich um Täuschungen oder Irreführungen handeln kann – auch nicht bei den menschlichen Krankheitsfällen – dürfte ausgeschlossen sein.

Wenn Koch in seinem Buch in Anlehnung an die herrschende Ausdrucksweise von einem „hohen" Redoxpotential spricht, so führt dies irre. Es wäre gerechtfertigt, von einem starken Oxydationspotential zu sprechen, oder noch richtiger von einem starken Oxydationsprozeß. Denn Thunberg hat mit Recht darauf hingewiesen, daß das Auftreten eines Elektrodenpotentials immer das Resultat eines Prozesses ist, nicht eines stationären Zustandes. Potentiale lassen also Fähigkeiten zu Funktionen erkennen, nicht Mengen an Substanz (l. c. Seite 822).

Da diese Erfolge mit den Vorstellungen der spezifischen Medizin nicht zu erklären sind, bietet sich die Redoxtherapie von selbst an. Daß solche Systeme, wie zum Beispiel als alkalisches Methylenblau bei schweren Gewebstraumen, Verbrennungen, Nekrosen erfolgreich benutzt werden können, hat der Verfasser in seiner Arbeit „Künstliche Gewebsatmung mit Redoxsystemen aus Vitalfarbstoffen und ihre Verwendung in der Therapie" in der M. m. W., 1952, Nr. 16/17 beschrieben (Warning-Verzeichnis Nr. 210).

Die Folgerungen aus diesen vorstehenden Seiten sind für die weitere Entwicklung der Medizin als Wissenschaft nicht abzusehen. Zunächst wird das bisher bestehende „Dogma" fallen müssen. Wir werden in der Lehre und Ausbildung neue, einfachere Wege betreten können, und man wird die bisherigen „Vorbeugungen", die oft nicht ungefährlich sind, ändern können. Vielleicht werden bisher unlösbare Fragen lösbar. Es kann eine „Einheit der Heilkunde" entstehen, wie der Verfasser sie 1942 vorgeschlagen und entworfen hat.

Diese Feststellung bedeutet nichts anderes, als daß wir in den biologischen Redox-Potentialen ein Phänomen der „Fließgleichgewichte" (von Bertalanffy) zu sehen haben, ein während des Lebens stattfindendes, dauerndes dehydrierendes, bzw. oxydierendes Geschehen, das den an sich möglichen direkten Oxydationsvorgang (= Verbrennungsvorgang im Sinne Liebigs) in zahlreiche Stufen aufteilt, so daß mit jeder Stufe eine geringe Menge von Wärmeenergie in Freiheit gesetzt wird und eine wirkliche „Verbrennung" nicht eintreten kann.

Auf Grund dieser eigenen Versuche entstanden meine späteren Arbeiten als zusammenfassende Referate: 1. Kollath, „Biologie der Vitamine und Hormone, eine Studie über die Unterschiede von Vitaminforschung und Krankheitsforschung" (Erg. d. Hyg. Bd. 14, 1933, 382–436). 2. Kollath, „Über die Korrelation der Mineralien, Vitamine und Hormone" (Vortrag in d. D. Ges. f. Zahn-, Mund- und Kieferheilkunde, Dresden. 22.–25. 9. 1936). 3. Kollath, „Beziehungen zwischen Hormonen, Vitaminen und Fermenten"

(Vortrag, abgedruckt in Adam, Normale und krankhafte Steuerung im menschlichen Organismus, Fischer, Jena 1937). 4. KOLLATH, „Redox-Potentiale, Zellstoffwechsel und Krankheitsforschung" (Erg. d. Hygiene, Bd. 21, 1938, 269–337). 5. KOLLATH und STADLER, „Redox-Potentiale und Stoffwechsel" (Erg. d. Physiologie usw., Bd. 41, 1939, 806–881). Die Vorarbeiten über den Stoffwechsel der Influenzabazillen, siehe WARNING. Wissenschaftliche Arbeiten von W. KOLLATH, Nr. 4–6, 9, 11, 13. Lichtbiologische Arbeiten sind Nr. 30, 31, 36, 39. Nr. 43 ist die oben abgedruckte Diskussionsbemerkung.

QUANTITÄT UND QUALITÄT IN DER ERNÄHRUNG

Es sind mehr als 35 Jahre her, seit der Verfasser mit dem Begriff der Redoxpotentiale bekannt wurde und sich dauernd mit diesem Phänomen beschäftigt hat. Wenn nunmehr die theoretischen und praktischen Folgerungen gezogen werden, in Zusammenhang mit den Tausenden von Tierversuchen, dann ist es sicher nicht voreilig. Diese Folgerungen müssen mit einer Kritik an der bisherigen Ernährungslehre beginnen.

Überschaut man die heutige „wissenschaftliche Ernährungslehre", so erkennt man bei genauerem Betrachten, daß es sich um eine Lehre handelt, die ausschließlich auf dem Begriff der Quantität beruht. Die Eigenschaften der Redoxsysteme als exakter physikalisch-chemischer Größen führen notwendigerweise dazu, daß man in diesem Naturphänomen den Ergänzungsfaktor zur Quantität sehen muß, den Faktor der Qualität. Es ist sicherlich ein Verdienst von Mansfield CLARK, die Meßbarkeit der Redoxsysteme systematisch entwickelt zu haben. Mit seiner Untersuchung nicht nur der biochemischen Redoxsysteme, sondern auch der entsprechenden Farbstoffindikatoren hat er den ersten Weg in die praktische Anwendung gewiesen. Diese fand aber ihre Schwierigkeiten darin, daß man immer noch die Vorstellung der Quantität in den Vordergrund stellte, also die Menge von reduzierter oder oxydierter Substanz. Es scheint, daß es CLARK zu verdanken ist, daß er in Anschluß an die modernen chemischen Vorstellungen den Mengenbegriff zurücksetzte und das Verhältnis von reduzierter Stufe (Red) zu oxydierter Stufe (Ox) in den Vordergrund stellte, also Red:Ox.

Infolge der immer noch vorherrschenden Vorstellung, daß die Oxydation der „wertvollere" Vorgang sei, hat er in seinen Meßergebnissen und den Kurven die „positive Ox-Stufe" im oberen Teil der Tabellen und Kurven wiedergegeben, die „negative Red-Stufe" hingegen unten angeführt. Dadurch wurde rein optisch der Eindruck erweckt, daß die Ox-Stufe das „höhere" Potential besitzt, die Red-Stufe das „niedere". Der Verfasser hat in seinen Arbeiten zwischen 1930 und 1940 gezeigt, daß in Wirklichkeit der „Strom" vom „negativen Red" zum „positiven Ox" führt, also daß Red stets der Energiespender ist, Ox der Energieempfänger. Beim letzten Prozeß wird zum Beispiel „Wärmeenergie" frei. Man muß alle Kurven umzeichnen, um optisch den wahren Eindruck der „Richtung" des Gefälles zu bekommen und Irrtümer zu vermeiden. Das habe ich in meinen Arbeiten getan.

Diese Bedeutung und Eigenschaft der Redoxpotentiale, die letzten Endes in ihrer Gesamtwirkung „zeitabhängig" sind, erlaubt es, wie oben schon angedeutet, daß theoretisch ein einziges Molekül eine örtlich erforderliche Wirkung auszuüben vermag, wenn es „reversibel" reduzierbar-oxydierbar ist.

Diese Eigenschaft der Redoxpotentiale steht nicht nur in Gegensatz zum „Massendenken" der Biochemie, sondern ist eine Notwendigkeit, um den Eigenheiten der lebenden Substanz entsprechend im kleinsten Raum große Wirkungen eintreten zu lassen. Es ist denkbar, daß einige wenige Moleküle zum Beispiel ausreichen, um bei der Zeugung Zellteilungsvorgänge in Gang zu setzen und damit Lebenserscheinungen auszulösen.

Nunmehr wird es verständlich sein, daß W. F. Koch therapeutische Wirkungen bei Verabfolgung von Redoxsystemen in Konzentrationen von 1 zu 1 Billion Teile beobachtet hat (l. c. Seite 96) und daß zum Beispiel Echinochrom A in Verdünnungen von $\frac{1}{2} \times 10^{-9}$ in Seeigeleiern B e w e g u n g z u i n d u z i e r e n vermag. „Nur 1 Molekül wird benötigt, um die Geschlechtswirkung der C. augamentos F. simplex und Chlamydomonas-Algengattung zu bestimmen" (l. c. Seite 96). Ja, es können Wirkungen bei Verdünnungen von einem Teil eines Redoxsystems auf 250 000 000 000 Teile Wasser auftreten. „Heparin ist wirksam bei der Aufhebung der Blutgerinnung in so minimalen Mengen, daß es keine (chemische) Methode gibt, um seine Anwesenheit festzustellen."
„W e i l b i o l o g i s c h e W i r k u n g e n g e g e n ü b e r L a b o r a t o r i u m s v e r s u c h e n s o v i e l m e h r v e r f e i n e r t s i n d , k a n n m a n n i c h t p h y s i o l o g i s c h e A k t i v i t ä t d u r c h c h e m i s c h e N a c h w e i s e o d e r M e s s u n g e n b e u r t e i l e n ." Mit anderen Worten: d a s f e i n s t e R e a g e n s , das wir naturwissenschaftlich beobachten können und überhaupt besitzen, i s t e i n l e b e n d e r O r g a n i s m u s , nicht eine stets mehr oder weniger grobe chemische Reaktion am toten Material. Alle klinische „Chemie" oder physiologische Chemie findet aber am toten oder absterbenden Material statt, s o f e r n d i e U n t e r s u c h u n g s p ä t e r a l s 4 5 M i n u t e n n a c h d e m T o d e e i n e s V e r s u c h s t i e r e s s t a t t f i n d e t (e i g e n e V e r s u c h e m i t V i t a l f a r b s t o f f e n).

Fassen wir diese vorstehenden Ausführungen zusammen, so ergibt sich, daß wir in den Redoxpotentialen eine Ergänzung zu dem bisherigen physiologisch-chemischen Denken in „Quantitäten" insofern zu sehen haben, daß wir hier a u f e x a k t e r B a s i s e i n e V o r s t e l l u n g v o n d e n „ Q u a l i t ä t e n " b e k o m m e n , wie sie zum Beispiel in den Lebensmitteln in Erscheinung treten. C h e m i s c h lassen sich diese Qualitäten noch nicht beweisen, biologisch aber wirken sie sich aus.

Da sich unter diesen organischen Redoxsystemen eine Anzahl lebens- und gesundheitswichtiger Vitamine befinden (Tabelle 6), und insbesondere in dem s o g e n a n n t e n B - K o m p l e x n o c h u n b e k a n n t e F a k t o r e n b i o l o g i s c h n a c h w e i s b a r sind, gelangen wir auf dem Umweg über das Wesen der Redoxpotentiale zu einer neuen Auffassung von den Aufgaben der Heilkunde, derart, daß die b i s h e r i g e e i n s e i t i g e M e t h o d e d e s c h e m i s c h e n M a s s e n n a c h w e i s e s e r g ä n z t w i r d d u r c h d i e b i o l o g i s c h e M e t h o d e e i n e s Q u a l i t ä t s n a c h w e i s e s . Und hier geraten wir aus den Vorstellungen der Pharmakologie mit Milligrammen oder sogar Millionstelgrammen in das Gebiet von „homöopathisch" wirksamen Verdünnungen. Die physiologischen Dosierungen der Natur erweisen sich als überragend wirksam, während „zu hohe Dosierungen, zum Beispiel von C h i n o n , einen Heilungsprozeß blockieren oder gar umkehren können" (l. c. Seite 94). (Siehe Anhang I und II.)

Da W. F. Koch zwar über erstaunliche Heilwirkungen berichten kann, bei der „Erklärung" aber mit Bezeichnungen arbeitet, die sehr schwer mit unseren bekannten Vorstellungen in Einklang zu bringen sind, besteht die Gefahr, daß infolge mißverstandener „Erklärungen" das Verfahren als solches in Mißkredit kommt und weiterhin totgeschwiegen wird. Deshalb wurde im vorstehenden versucht, eine Vorstellung von der Zugehörigkeit der W. F. Kochschen Therapieform mit den zuverlässigen Daten der Redoxpotentiale zu geben. N i c h t d i e g r o ß e M e n g e d e r S u b s t a n z i s t a l l e i n n o t w e n d i g , sondern die b i o l o g i s c h r i c h t i g e D o s i e r u n g und diese liegt weit unterhalb der bisher als gültig angesehenen Mengen.

Überträgt man diese Gedankengänge auf die natürliche Ernährung, so kann man sich gut vorstellen, daß der Kalorienbedarf durch die Nahrungsquantität gedeckt werden kann, der Gesundheitsbedarf aber auch durch die Qualität, zum Beispiel von Redoxsystemen. Und diese können in unvorstellbar geringer Konzentration wirken, nur v o r -

handen müssen sie sein. Es ist auch vorstellbar, daß man bei vielen üblichen Methoden in der Nahrungsindustrie gegen diese Notwendigkeit der Kettenreaktionen in den Redoxsystemen verstößt, daß man aber solche unterbrochenen Ketten dadurch wieder ergänzt, daß man täglich zum Frühstück ein Gericht aus wirklichem Vollkornschrot oder aus Flocken, vermischt mit Obst und Milch ißt. In der Tat sprechen die eigenen Versuche zur Verhütung der Mesotrophie und die Ergebnisse von Bernášek mit der Wirkung über Generationen hinaus für diesen bereits praktisch bewährten Vorschlag. Wenn man den vorgeschrittenen Gesundheitsverfall bremsen will, ist dies der einfachste und billigste Weg zu einer Verbesserung der gegenwärtigen Situation, der die bisherige Medizin machtlos gegenübersteht*).

DIE KATZENVERSUCHE VON POTTENGER UND SIMONSSEN

Diese Autoren haben etwa 20 Jahre lang an Katzen über 8 Generationen Versuche angestellt.

Bei einer Versuchsgruppe, in der die Katzen Fleisch und Milch teils roh, teils gekocht bekamen, wurde zunächst festgestellt, daß bei **roher Nahrung** die Katzen gesund blieben und sich fortpflanzten. Bei **gekochter Nahrung** wurde die Fortpflanzung gestört; es kam zu Fehlgeburten, zu Veränderungen des Wesens: Weibchen wurden bissig, Männchen wurden sexuell uninteressiert oder pervers. Von der dritten Generation an überstand kein Tier mehr den sechsten Lebensmonat.

In weiteren Versuchsreihen wurden **rohe Milch, pasteurisierte, gesüßte Kondensmilch oder Trockenmilch**, überdies noch durch Bestrahlung mit Vitamin D angereichert, gegeben. Während sich die mit natürlicher Milch und rohem Fleisch gefütterten Katzen normal entwickelten und den natürlichen Alterstod starben, zeigten die Weibchen, die mit **pasteurisierter** Milch als Hauptkost gefüttert wurden, **verminderte Gebärfähigkeit** sowie **Knochenveränderungen** und ihre Jungen entwickelten sich **anomal**. Die so gefütterten Männchen wiesen stärkere Schädigungen auf. Die **jungen Männchen** lebten nicht länger als zwei Monate, es fanden sich **Knochenveränderungen und stärkste Rachitis**.

Eine Gruppe 1½jähriger Katzen wurde ausschließlich mit Milch gefüttert. Die Milch stammte von Kühen, die mit ultraviolett bestrahlter **Hefe** als Zufutter gefüttert wurden, war also mit Vitamin D angereichert. Auch diese Tiere zeigten starke Rachitis, wenn die Kühe Trockenfutter, nicht aber, wenn sie Grünfutter bekommen hatten.

Bei Fütterung mit **rohem Fleisch** bzw. **roher Milch** kam es zu normaler Skelettbildung. Bei **gekochtem Fleisch zu Veränderungen am Gebiß**.

In der **zweiten Generation kam es zu Schädelmißbildungen und zu deformiertem Gebiß**. In der **dritten Generation** waren die Veränderungen noch stärker.

Bei **Übergang zu Voll-Nahrung wurden die Veränderungen erst in der vierten Generation zurückgebildet**.

Am auffallendsten sind folgende Befunde:

Die Katzen wurden in getrennten Gehegen auf Brachboden gehalten. In den Gehegen, in denen Katzen Rohfleisch und Rohmilch bekamen, wuchs bald üppiges Unkraut, bei Kochkost blieb der Boden brach. **Bohnen**, die gepflanzt wurden, ergaben bei **Rohnahrung der Katzen** hochkletternde Pflanzen, weniger gute bei **pasteurisierter Milch**, noch schlechtere bei **Trockenmilch**, völlige Sterilität des Bodens bei **gesüßter Kondensmilch**.

---

*) Die Versuche erinnern stark an Bernášeks Versuche.

Demnach kann durch die Fehlernährung der Katzen ein ganzer Kreislauf gestört werden: zum Beispiel Nahrung – Tier – Boden – Pflanze usw.
Die Versuche wurden totgeschwiegen und die Autoren bekämpft.
Beim Menschen würden solche Versuche 200–300 Jahre dauern. Zur Zeit befinden wir uns erst in der zweiten bis dritten Generation, also in den ersten biologischen Auswirkungen der „Wissenschaftskost", wenn wir für eine Generation 30 Jahre annehmen wollen.

VON DEN MILCHKONSERVEN

Die Versuche von POTTENGER und SIMONSSEN sind nie widerlegt worden, sondern trafen auf intensiven Widerspruch der interessierten Kreise, namentlich der Molkereien. Zahlreiche Wissenschaftler haben sich entsprechend geäußert oder die Versuche totgeschwiegen. Selbstverständlich sind alle diese Konserven mehr oder weniger denaturiert. Bei den Prüfungen vermeidet man langfristige Tierversuche und beschränkt sich auf chemische Analysen. So gelangt man zu einer pseudowissenschaftlichen Propaganda. Dafür sei das folgende Beispiel angeführt.
Was die Zerstörung der Milchprodukte betrifft, so könnte es sich nach SOMOGYI um eine Zerstörung des Lysins handeln: „Wird einem autoklavierten Magermilchpulver oder einer Zerealiendiät, die hoher Temperatur ausgesetzt war, Lysin zugesetzt, so verringert sich ihre kariogene Wirkung ganz wesentlich."

VOM UPERISIEREN

Neuerdings ist man zu noch höheren Hitzegraden übergegangen, um Milchprodukte zu erhalten, die wochen- bis monatelang haltbar sind. Es handelt sich um die sogenannte „Uperisation". Über diese berichtet HOCHSTETTER in der Ernährungsumschau 1965 in „Über den Einfluß der Uperisation in Vergleich zu pasteurisierter Milch" (bei 85° C) und autoklavierter Milch (+ 116° C während 15 Minuten). Das Verfahren besteht darin, daß die Milch zunächst (in einer nicht angegebenen Zeit) auf + 75° C vorerwärmt wird, sodann auf + 150° C während 2,4 Sekunden mit Dampf erhitzt wurde, also unter einem Druck von mehreren Atmosphären. Es kommt zu einer fortschreitenden Komplexbildung der Molkereiproteine mit dem Casein, die bereits beim Pasteurisieren eintritt und sich bei der Uperisation erhöht, beim Autoklavieren am stärksten ist. Es tritt also sicher eine „Denaturierung" ein. Zwei Fragen sind nicht geprüft: wie diese Produkte sich im Vergleich zu roher Vollmilch verhalten, und ob eine Regeneration im Darminnern möglich ist, eine „Renaturierung".
In einer zweiten Versuchsreihe berichtet FRICKER daselbst, daß „bei ordnungsgemäßem Pasteurisieren der biologische Wert der Milch nicht herabgesetzt wird, wohl aber beim Autoklavieren". Trotzdem kommt er zu dem Schluß: „Die durchgeführten Untersuchungen ergaben, daß weder die Pasteurisierung noch die Uperisation die biologische Wertigkeit vermindern." Was wird hier unter „biologischer Wertigkeit" verstanden? Der Vergleich mit Rohmilch? Oder die essentiellen Aminosäuren? „Eine mäßige Wärmebehandlung der Milch führt also nicht zu einer Beeinträchtigung des ‚biologischen Wertes' der Milch"; und die Uperisation wird besonders hervorgehoben. Da nun solche Packungen für den ½ Liter mit 0,50 DM verkauft werden, pro Liter also mit 1,– DM, handelt es sich um eine starke Verteuerung dieses bisher – neben dem Getreide – billigsten Lebensmittels und um große Wirtschaftsinteressen, nicht nur um wissenschaftliche Fragen. Und weshalb fehlen die entscheidenden Kontrollversuche, was natürlich dem Leser oder dem Ministerialreferenten nicht aufzufallen braucht.

Auch braucht man beim Menschen nicht nur 2 Jahre, sondern auch, wie bei den Katzen, mehrere Generationen (sieben bei POTTENGER).

Von wie großer Bedeutung die Verwendung der erhitzten Milchprodukte ist, ging aus einem Vortrag von CREMER hervor, wonach die sogenannten Entwicklungsländer mit Milchpulver beliefert werden, um die „Eiweißversorgung" zu bessern. Wenn die Menschen so reagieren wie die Katzen, würde die Gefahr der Überbevölkerung gewissermaßen von selbst aufhören, spätestens in der dritten Generation.

Bei diesen Tatsachen und Versuchen handelt es sich um sozialpolitisch und wirtschaftlich äußerst wichtige Zukunftsfragen. Denn bei der Entwicklung, die die Zivilisation im letzten Jahrhundert eingeschlagen hat, ist an eine „Umkehr" nicht zu denken. Dabei stehen viel zu große Gefahren offen vor uns. Es unterliegt heute keinem Zweifel mehr, daß einerseits die Entwicklung der Naturwissenschaften ursächlich bei diesen Ereignissen beteiligt gewesen ist, und andererseits zeigen die zivilisierten Völker bereits einen Verfall der Gesundheit, dem die Medizin nicht mehr gewachsen ist. Man braucht bezüglich der Rolle der Wissenschaft nur das Werk von Friedrich WAGNER „Die Wissenschaft und die gefährdete Welt" zu lesen, bezüglich der Zukunft der Menschen das bereits erwähnte Werk von Rolf LOHBECK „Selbstvernichtung durch Zivilisation". Beide ergänzen sich, beide stellen zwar die Diagnose, aber ein sicher einsetzbares Gegenmittel ist noch nicht gefunden. Dazu sitzt der Schaden zu tief. Und dazu ist unser Wissen nicht ausreichend. Trotz zahlloser Versuche treffen wir bei der Ernährungsforschung immer wieder auf neue und überraschende Tatsachen. Beklagenswert ist vor allem die Neigung, die Fragen viel zu einseitig zu behandeln und nur Ausschnitte aus dem Ganzheitsgebiet zu untersuchen, zu bevorzugen und andere zu vernachlässigen. An erster Stelle sei hier unsere Unkenntnis vom Eiweiß genannt*).

DAS EIWEISSPROBLEM

Betrachtet man die synthetischen Diäten, die in der Vitaminforschung benutzt werden, so gelangt man zu der Erkenntnis, daß die Zusammensetzung seit bald 40 Jahren durchaus einseitig erfolgt. Infolge der Erfahrungen bei der chemischen Identifizierung des Vitamin D, auf die oben hingewiesen wurde (Seite 34), hat man als Eiweißquelle nahezu ausschließlich Handelscaseine benutzt, die gelblich verfärbt sind.

Bereits vor 1900 hat Jacques LOEB auf einen Unterschied zwischen „lebendem" und „totem" Eiweiß hingewiesen und dem lebenden Eiweiß das Adjektiv „n a t i v" gegeben. Dieser Ausdruck wurde früher bei der Bezeichnung von bakteriologischen Nährböden benutzt, denen unerhitztes Eiweiß zugegeben werden mußte, um anspruchsvolle Bakterien zum Wachstum zu bringen. Ein Teil dieser notwendigen Bestandteile hat sich inzwischen als irgendein „Vitamin" erwiesen, oder als dem sogenannten „Bios"-Komplex zugehörig erkennen lassen. Aber vieles ist noch ungeklärt.

LOEB nahm kolloidchemische Veränderungen an. Um 1880 studierte ADAMKIEWICZ das Problem. Er konnte eine Irreversibilität der molekularen Veränderungen nachweisen und dachte an einen Mineralverlust.

Nach den neuen Untersuchungen von HELLMANN, über die er in seinem Buch „Eiweiß" berichtet hat, verändert sich das Casein bereits unter so milden Bedingungen wie Erwärmen auf 60° C, Zusatz von Harnstoff oder Alkohol, ja selbst durch bloßes Schütteln. Es wird „denaturiert". HELLMANN hält die Veränderungen zwar nicht für „tiefgreifend", immerhin reichen sie aus, um sich „biologisch" auszuwirken; worauf es bei der Ernährung ankommt. Vollkornprodukte „renaturieren" das denaturierte Eiweißmolekül (Casein).

---

*) Von den üblichen Fleischarten scheint das M u s k e l f l e i s c h   d e s   S c h w e i n e s den h ö c h s t e n G e h a l t   a n   V i t a m i n B_1 zu besitzen. Es würde also, a l l e i n als Eiweißquelle gegeben, die Bedingungen der Mesotrophie erfüllen. Möglich, daß manche Bedenken, die gegen Schweinefleisch geäußert werden, hier ihren Grund haben.

Hellmann meint, daß wir auf diesem Gebiet wahrscheinlich nicht nur dazulernen, sondern auch umlernen müssen. Die Bezeichnung „biologischer Wert" lediglich nach dem Gehalt an Aminosäuren ist unzureichend und unklar. Man weiß heute, daß man daneben den Begriff der „Symplexe" (Täufel) zu beachten hat, also komplizierte Gefüge von mehreren Aminosäuren.

Durch den grundlegenden Unterschied, den man mit denaturiertem alkoholextrahiertem, gelblichem Casein gegenüber dem möglichst naturbelassenen weißen, mit Äther extrahierten Casein im Rattenversuch beweisen kann, wenn das Vitamin B_1 zur Diät 18a gegeben wird, ist eine neue biotische Meßmethode zur Prüfung der Caseine gegeben, von der die Eiweißchemie Gebrauch machen sollte. Daß dabei große Probleme entdeckt werden können, dafür sind die referierten Versuche von Pottenger und Simonssen ein Beispiel.

PFLANZLICHES ODER TIERISCHES EIWEISS?

Es liegt in der Natur der Lebensmittel, daß man vom Eiweiß meist nur das Casein, das so leicht zugängliche flüssige Eiweiß untersucht hat. Und doch ist das Eiweiß der eigentliche Träger des Lebens.

Sogar der Unterschied zwischen pflanzlichem und tierischem Eiweiß ist völlig unklar. Sicher sind nur zwei Tatsachen:

1. Schuphan hat nachgewiesen, daß pflanzliches Eiweiß vollwertig sein kann, was früher bestritten wurde.

2. Als Großversuche kann man die Ernährung jener Völker ansehen, die aus klimatischen oder kultischen Gründen lediglich Pflanzenkost essen. Der Inder Srenivasaan hat in einem Referat in der „Naturwissenschaftlichen Rundschau" darauf hingewiesen, daß in vielen Gebieten die Völker auf das pflanzliche Eiweiß angewiesen sind.

In den „Leitsätzen einer vollwertigen Ernährung" spricht die „Deutsche Gesellschaft für Ernährung" (DGE) in dem zweiten Leitsatz zwar von der Möglichkeit einer Gleichwertigkeit von tierischem und pflanzlichem Eiweiß, empfiehlt aber im vierten Leitsatz doch wieder tierisches, weil es „höhere biologische Wertigkeit als das pflanzliche habe". Sie widerspricht sich also selbst.

Die Bezeichnung „tierisches Eiweiß" ist mit der Vorstellung von Jagd- und Schlachttieren verbunden, also mit Blutvergießen. Das führt vielfach zu ethischen Bedenken. Zoologisch muß man aber bedenken, daß es zahlreiche tierische Einzeller gibt, die auch aus tierischem Eiweiß bestehen, daß diese zum Beispiel im Pansen der Wiederkäuer eine erhebliche Rolle als Bestandteile der Darmfauna spielen. Sie lassen sich durch eine naturgemäße Kost im Pansen anreichern, gelangen dann in den Darm, wo sie absterben und verdaut werden, und dahin führen, daß so scheinbar reine Vegetarier wie Kühe reichlich „tierischen Einzellen-Eiweiß" zu sich nehmen. Wenn man diesen Tatbestand nicht beachtet, kann man zu erheblichen Fehlschlüssen gelangen, wenn man synthetisches Eiweiß auf die Milchproduktion von Kühen prüft.

ERNÄHRUNGS- UND STOFFWECHSELVERSUCHE BEIM MENSCHEN

Von Menschenversuchen sind die am längsten dauernden die bekannten Versuche von Hindhede, die ein Jahr dauerten, aber nicht mit Rohkost durchgeführt wurden, sondern mit Kochkost.

Die besten Stoffwechselversuche stammen von dem japanischen Forscherehepaar Kuratsune, die in drei mehrwöchigen bis mehrmonatigen Versuchsreihen Rohkostversuche mit genauen chemischen Stoffwechselanalysen durchführten, über die der Verfasser gesondert berichtet hat. Die Erfolge waren gesundheitlich sehr interessant. Sie litten jedoch daran, daß die aufgenommenen Mengen nicht ausreichten, um den Kalorienbedarf zu befriedigen, so daß hier neue Versuche notwendig sind. Mit größter Wahrscheinlichkeit werden die Kliniker sich in Bälde gezwungen sehen, diese bestehenden Lücken auszufüllen und das brachliegende Reservoir von Heilmöglichkeiten auszunutzen.

Schuphans Versuche an Pflanzen sind in seinem Buch „Zur Qualität der Nahrungspflanzen" 1961 dargestellt. Auf Seite 10 nennt er die Kriterien der Qualität:

„Vorteilhafte äußere Beschaffenheit, gegebenenfalls gute Transport- und Lagerfähigkeit, arttypischer, von Fremdstoffen freier Geschmack und Geruch, vor allem aber K r i t e r i e n , d i e d e r G e s u n d e r h a l t u n g d i e n e n .

Auf Seite 22 unterscheidet er zwischen „Gebrauchswert" (Qualitätsbegriff für den Handel) und der „äußeren Beschaffenheit", sowie dem „biologischen Wert". Darunter versteht er

„den Nährwert einer Nahrungspflanze, ihre Bekömmlichkeit und ihren Wert für die Erhaltung der menschlichen Gesundheit. A l s K o m p l e x b e g r i f f l ä ß t e r s i c h n i c h t d u r c h d i e G e h a l t e w e n i g e r c h e m i s c h e r I n h a l t s s t o f f e f e s t l e g e n ".

DIE VERSUCHE VON GIGON

Vorläufig sind die Kenntnisse über die wahre biologische Bedeutung des Eiweißes viel zu unzureichend, als daß wir heute bereits eine große Propaganda für einen steigenden Eiweißverbrauch machen dürften, wie es in Wirklichkeit geschieht. Man wird den Unterschied zwischen denaturiertem und nativem Eiweiß berücksichtigen müssen, wenn man nicht große Schäden hervorrufen will, die erst nach mehreren Generationen rückbildungsfähig sind.

Hier sind ältere Ernährungsversuche von Gigon zu nennen. Aus diesen Versuchen seien folgende Mitteilungen erwähnt:

Was die R e s e r v e n betrifft, so reichen diese an Kohlehydraten für einen Tag, an Fett für 126 Tage, an Salzen 111 Tage (alles nach Breusch). Versuche mit radioaktiven Isotopen wären hier sehr erwünscht.

Bezüglich der Mitarbeit des Körpers hat Gigon Selbstversuche angestellt und stützt sich auf Versuche von Koraea.

„Es ist nicht der Fall, wie oft behauptet wird, daß bei Muskelarbeit die zugleich eingenommene Nahrung zum Teil für die Muskeltätigkeit direkt verwertet wird. D i e N a h r u n g s s t o f f e m ü s s e n i n k ö r p e r e i g e n e S t o f f e u m g e w a n d e l t w e r d e n , bevor sie in Arbeitsleistung umgesetzt werden. Dies ist außerdem notwendig, damit sie einander im Körper vertreten können (l. c. Seite 36)." Es scheint möglich, daß bei diesem Prozeß der Assimilation der B-Komplex (Auxonkomplex) unentbehrlich ist.

Beim Menschen kommt aber noch ein weiteres Moment hinzu, das spezifisch-seelische. Während man bei Tieren mit großer Sicherheit Stoffwechselversuche machen kann, wird dies beim Menschen durch diese Mitwirkung des Seelischen erschwert und relativ. K. Schwarz hat darauf hingewiesen, daß „der Mensch im allgemeinen doch über erheblich größere körperliche und seelische Reserven verfügt, als man gemeinhin anzunehmen geneigt ist. Darüber hinaus b e s i t z t e r d i e F ä h i g k e i t , s e i n V e r h a l t e n v e r ä n d e r t e n L e b e n s b e d i n g u n g e n i n e i n e r W e i s e a n z u p a s s e n , d a ß s c h w e r w i e g e n d e g e s u n d h e i t l i c h e S c h ä d i g u n g e n w e i t g e h e n d v e r m i e d e n w e r d e n ". Deshalb sind „Gleichgewichte auf verschiedenen Stufen möglich" (Gigon). Man soll das aber nicht ausnutzen und übertreiben.

Nach Gigon ist sicher, daß „die Eiweißsynthese in der Leber, aber auch in jeder Zelle stattfindet. J e d e Z e l l e b a u t i h r e i g e n e s E i w e i ß a u f ." Der Transport der Eiweißabbauprodukte (Peptide, Aminosäuren) vom Darm zur Leber geschieht im Plasma. Dasselbe gilt für Fette. Daß hier nun noch die direkte Aufnahme in Form der „lymphatischen Resorption" hinzukommt, wurde anfangs erwähnt.

Gigon hat ein **Eiweißgleichgewicht bei Überernährung nicht als ausreichenden Beweis für eine gesunde Ernährung nachweisen** können. Einseitige Überernährung könnte durchaus in das Gebiet der Mesotrophie fallen. Hier ist wieder K. Schwarz zu erwähnen (1954), der festgestellt hat, daß „nicht allein der Mangel, sondern in mancher Beziehung auch der Überfluß das Leben abzukürzen vermag".

Alfred Gigon ist bei seinen Versuchen von der üblichen Annahme ausgegangen, daß man als **Normalkost** eine **freigewählte** Kost ansieht, mit der ein gesunder, erwachsener Mensch bei mittlerer Arbeit und ohne Luxus im Körper- und Stoffwechselgleichgewicht, besonders im Eiweißgleichgewicht sich befindet. „**Das Laboratoriumsexperiment ist dazu nicht brauchbar**", es dient jedoch zur Beantwortung **bestimmter** Fragestellungen ... „Bei der Aufstellung einer Normalkost handelt es sich darum, nicht Minimalzahlen, sondern hygienisch mehr oder weniger **optimale** oder mindestens ausreichende Zahlen zu gewinnen, um **auf die Dauer** den betreffenden Menschengruppen die normale, volle Arbeitsleistung zu sichern, ohne die Gefahren einer Unterernährung und einer herabgesetzten Leistungsfähigkeit zu riskieren."

Diese Forderung muß auf das ganze Lebensalter und auch auf die Generationen ausgedehnt werden.

„**Unterernährung** liegt vor, wenn der Mensch seine Leistungsfähigkeit willkürlich oder unwillkürlich einschränken muß, an Körpergewicht abnimmt und ein Defizit an wichtigen notwendigen Substanzen aufweist. Am häufigsten kommt dies im Eiweißverlust zum Vorschein" (Gigon). Gigon spricht von einer „**Defizitdiät, die Monate, selbst Jahre beibehalten werden kann, und bei der sich allmählich ein neues Gleichgewicht einstellt, bei welcher Körpergleichgewicht und Stoffwechselgleichgewicht bestehen**". Als Beispiel führt er die Erfahrungen während der beiden Weltkriege an. Ein Mensch könne mit 100 kcal. und 50 g Eiweiß im Gleichgewicht sein, doch sei die **Leistungsfähigkeit etwas vermindert** und die Anfälligkeit gegenüber schädlichen Momenten erhöht. Diese **Defizitdiät gefährde das Leben und führe zu einem geschädigten Leben, obwohl ein Gleichgewicht nach den üblichen Methoden der Laboratorien bestehe.** (Das wäre zum Beispiel bei den Stoffwechselversuchen bei den Mesotrophieratten der Fall gewesen! [Der Verfasser]). Mit Recht beklagt sich Gigon, daß diese **Tatsachen in der Literatur kaum berücksichtigt** würden (l. c. Seite 19/20).

Ähnliche Vorgänge spielen sich **bei der Überernährung** ab, die als Ansatzdiät, Hyperdiät oder Plusdiät bezeichnet wird. Zuerst tritt Retention bzw. Ansatz gewisser Körperstoffe mit oder ohne Körpergewichtszunahme ein. Nach mehr oder weniger langer Zeit **wird diese Ansatzdiät zur Gleichgewichtsdiät, wobei dann, wenn diese Gleichgewichtsdiät die Normalkost übersteigt, das Leben wie bei der Unterernährung zuerst gefährdet und später geschädigt wird.** (Vom Verfasser gesperrt.) Auch gegenüber Kohlehydraten kommt es zu dieser unerwünschten Schädigung: „**eine etwa einseitige Überernährung, zum Beispiel mit recht großen Mengen Zucker**, wie sie in gewissen Regionen Afrikas und Arabiens vorkommen soll, **wirkt schädlich**". Dies läßt sich am Tier leicht nachweisen.

Aus diesen Tatsachen geht hervor, daß man aus einer Gleichgewichtsdiät allein nichts Sicheres über den Gesund-

heitszustand des Menschen sagen kann, wenn man keine weiteren Bedingungen kennt. Stets muß der B-Komplex mit berücksichtigt werden.

Mit diesen Angaben von GIGON dürfte die Relativität der bisherigen Stoffwechselversuche gekennzeichnet sein und man muß danach suchen, wie man zu einer besseren Bewertung der „Gesundheit" gelangen kann. Der beste bisher zugängliche Beweis ist ein einwandfreies Gebiß mit normaler Ausbildung der Knochen und Zähne, da bei etwaigem Mangel diese zuerst der für lebenswichtige Prozesse notwendigen Mineralien beraubt werden, wie die Mesotrophieversuche bewiesen haben.

DAS „MÄRCHEN"
VON DER „SPEZIFISCH-DYNAMISCHEN EIWEISSWIRKUNG"

Hinter der Propaganda für „mehr tierisches Eiweiß", das heißt mehr Fleisch, steht die zum Schlagwort gewordene Bezeichnung der anregenden Reizwirkung des Eiweißes, aus der man eine „Leistungssteigerung" herleitet.

Hier muß man wieder auf die Quellen zurückgehen, wie sie sich im Lehrbuch der Physiologie von LANDOIS-ROSEMANN (l. c. Seite 207/8) finden. MAGNUS-LEWY hatte bei einer Erhaltungskost von 2400–2500 Cal.-Brennwert eine Steigerung des O-Verbrauchs in Prozenten des Nüchternwertes gefunden, die er auf 10–15% des Grundumsatzes Erhöhung pro Tag schätzte. Am meisten steigerte das Eiweiß, weniger die Kohlehydrate, am wenigsten das Fett.

RUBNER fand dann, daß bei niedrigen und mittleren Umgebungstemperaturen und bei einer den Bedarf nicht überschreitenden Ernährung kein Einfluß der Nahrungsaufnahme stattfand. „Dagegen trat eine derartige, die Zersetzung steigernde Wirkung der Nahrungsaufnahme deutlich hervor, bei abundanter Ernährung und ganz besonders bei höherer Temperatur der Umgebung. Die Wirkung ist sehr erheblich bei Eiweiß, viel geringer bei den N-freien Nahrungsstoffen (Kohlehydrate und Fett). Diesen Einfluß nannte RUBNER die „spezifisch-dynamische Wirkung der Nahrungsstoffe".

Für die praktischen Ernährungsverhältnisse des Menschen, bei denen an der gemischten Kost das Eiweiß gegenüber den N-freien Nahrungsstoffen zurücktritt, ist jedoch dieser Einfluß der Nahrung auf die Zersetzungen von keiner sehr großen Bedeutung. RUBNER schätzte nur eine Steigerung von 5–8% gegenüber dem Hungerverbrauch.

„Bei abundanter Ernährung, besonders bei hoher Umgebungstemperatur kann diese (durch Oxydation) frei werdende Wärme überhaupt nicht mehr für die Zwecke des Körpers verwandt werden, sie wird auf dem Wege der physikalischen Wärmeregulation nach außen abgegeben, so daß die spezifisch-dynamische Wirkung unter diesen Umständen voll in Erscheinung tritt." Bei niedrigen und mittleren Temperaturen dagegen oder einer den Bedarf gerade deckenden Nahrungszufuhr kann diese Wärme zur Aufrechterhaltung der Körpertemperatur verwendet werden. Dann tritt die spez.-dyn. Wirkung nicht voll oder überhaupt nicht in Erscheinung. Die Nahrungszufuhr verläuft dann ohne Erhöhung der Zersetzungen.

Also eine abundante Nahrungsaufnahme bei höheren Umgebungstemperaturen ist erforderlich, um die „spez.-dyn. Wirkung" hervorzurufen. Durch unvollständige Zitate ist daraus die Vorstellung einer Leistungssteigerung geworden, also eine Umdrehung des wahren Befundes. Sie ist aber nutzlos für den Organismus.

Objektiv genommen, dürfte die „spezifisch-dynamische Eiweißwirkung" eine Abwehrreaktion gegen zu viel Eiweiß sein, keinesfalls ein Beweis für gesteigerte Leistung.

Viel wichtiger ist, ob das Eiweiß, das wir essen, wirklich „nativ" ist oder denaturiert.

ERNÄHRUNG UND KLEIDUNG

Die Schwierigkeiten einer genauen Beurteilung der aufgenommenen Nahrung werden noch dadurch gesteigert, daß der Stoffwechsel vom Klima abhängt. Darunter ist aber nicht nur das äußere Klima, die Witterung zu verstehen, sondern auch das sogenannte Kleinklima, das die Wohnung und die Kleidung dem Individuum bieten. Pettenkofer, Voit, Rubner und Flügge haben mit ihren kleinen Meßapparaten die Einflüsse der menschlichen Kleidungsstücke von außen bis zur Haut bestimmt und gefunden, daß die **relative Feuchtigkeit bei ruhendem, nicht schwitzendem Körper sehr gering ist, und daß der Körper bei dichter Bekleidung in einem „Wüstenklima" lebt**, mit Ausnahme der Hände und des Gesichts, also mit dem größten Teil seines Körpers. Die Wärmeregulierung durch die Haut ist dadurch erheblich eingeschränkt, jedenfalls von Mensch zu Mensch verschieden. Sie dürfte vorzugsweise durch die Atmung erfolgen, und da diese bei den meisten Menschen oberflächlich ist, ungenügend sein. Hunde können ihre Zunge heraushängen lassen, das kann der Mensch nicht. (Siehe Kollath, Lehrbuch der Hygiene, I., Seite 173.) Schwitzen reguliert am besten.

Durch den Einfluß der Mode hat sich die Bekleidung der Menschen im letzten Jahrhundert geändert, so daß die Männer weitgehend uniformiert sind, der englischen Mode entsprechend, während die Frauen sich immer leichter gekleidet haben. So wiegt die Durchschnittskleidung des Mannes im Sommer 3–5 kg, im Winter 5–7 kg, und kann bis zu $1/10$ des Körpergewichts betragen. Kleidung zu tragen bedeutet also eine „Arbeitsleistung", die weiter durch die Tätigkeit des Menschen variiert wird. Alles zusammen führt dahin, daß wir zwar statistische Werte berechnen können, daß in Wirklichkeit aber kein Mensch dem anderen gleicht und daß wir bezüglich der Bewertung der aufgenommenen Nahrung sagen können: **„Wenn zwei Menschen dasselbe essen, essen sie nicht dasselbe."**

Alles zusammen bewirkt eine Umweltgestaltung, die sich im Lauf des letzten Jahrhunderts vollzogen hat, so daß wir physiologisch zwar die gleichen geblieben sind, aber wesentlichen Änderungen der Umwelt unterworfen sind.

Justus von Liebig hat in seinen Chemischen Briefen eingehend darauf hingewiesen, daß Ernährung und Kleidung eng miteinander zusammenhängen, und beide unter dem Einfluß des Klimas stehen. Er führt Vergleiche zwischen dem Leben in Palermo und in Polargegenden an, ferner von der Ernährung der Engländer in ihren früheren Kolonien und der starr beibehaltenen Sitte der Kleidung bei den Mahlzeiten sowie den daraus sich ergebenden Gesundheitsstörungen. Diese Beispiele sind sehr eindrucksvoll und auch heute noch beachtenswert, zumal die zivilisierten Völker den größten Teil des Jahres in einem künstlichen Wohnklima leben, und in Vergleich zu den Durchschnittstemperaturen, ihrer geringen körperlichen Arbeit und ihren sonstigen Sitten zwangsläufig dahin gelangen mußten, zum größten Teil zu viel zu essen. Daher auch die so häufig ausgesprochene Mahnung: F. d. H. – iß die Hälfte!

Wir leben unter völlig anderen Verhältnissen wie frühere Generationen, und sind doch körperlich genetisch die gleichen geblieben. Aus dieser „Spaltung" von angeborenen Möglichkeiten und neuen Gewohnheiten erklären sich die vielen Abweichungen von der Gesundheit.

Es ist aber etwas anderes eingetreten: die Abweichungen haben dahin geführt, daß die Menschen als Individuen sich immer ähnlicher verhalten und das bilden, was man auch klinisch eine „Masse" nennen kann. Dieses bekannte Phänomen ist eines der großen ungelösten sozialen Probleme der Gegenwart.

Auf dem Gebiet der Ernährungsforschung ist man zu einer Gleichschaltung der Diäten gelangt, wodurch zwar einheitlichere Resultate erreicht werden, diese aber dem

Umstand widersprechen, daß kein Mensch dem anderen gleicht und daß dadurch wieder neue Widersprüche auftreten.

EIN SPEISEKARTEN-TEST

Die Wünsche der Verbraucher lassen sich sehr gut daran erkennen, was sie in Restaurants erwarten und bestellen. Entsprechend sind die Speisekarten aufgestellt, so daß man diese geradezu als „Test" für die Wünsche der Menschen bezeichnen kann. Aus einer kleinen Sammlung solcher Speisekarten ergibt sich, daß überwiegend Fleisch- und Fischgerichte angeboten werden, daß demgegenüber Vollkorngerichte, vegetarische Gerichte, besonders Rohkost, zurücktreten, meist fehlen. Folgende Beispiele:

In einem großen dänischen Restaurant fanden sich Nummer 1–55 als Fischgerichte, Nummer 56–135 als Fleischgerichte, Nummer 136–168 als Eier und Salate, Nummer 169–188 als Käse. Also eine reine Eiweißmast.

In einem Restaurant in Rostock/Mecklenburg fanden sich 1938 rund 120 Fleisch- und Fischgerichte, 9 Gemüsegerichte, 13 Obstkonserven, 9 mit Fisch bzw. Fleisch belegte Brote und 5 Süßigkeiten.

In einem bekannten Restaurant in Rom beim Pantheon gab es neben 7 Teigwaren-, 16 Fisch- und Fleischgerichte, 6 Gemüse (einschließlich Kartoffeln), ferner bunte Vorgerichte (Antipaste) und Süßspeisen.

In einer berühmten Bahnhofgaststätte in Burgund standen auf der Karte 22 Fisch- und 20 Fleischgerichte, 6 Eier- und 4 Gemüsegerichte. Zum Eingang konnte man allerdings ausgezeichnete Rohkostsalate essen, die „cruditées". Die Weinkarte enthielt 400 Nummern.

Bei einem Festessen in Paris bei einer internationalen Tagung gab es 5 Fleisch- und Fischgerichte, 2 Gemüsegerichte, Eis und Käse.

Man braucht danach keine Angst zu haben, daß die Menschen plötzlich alle „Rohköstler" werden, wie manche Autoren die Möglichkeit als Schreckgespenst an die Wand malen, sondern man sollte vielmehr vor zuviel Fleisch warnen.

Die Behauptung, daß reichlich Fleisch die geistigen Fähigkeiten steigere, ist unbewiesen, vielleicht eine geheime Hoffnung dadurch klüger zu werden. Aber das Gehirn braucht Training und keine Reizmittel, wenn man dauernde Hochleistungen erreichen will. Und nach der Arbeit ist Ruhe notwendig, keine neuen Reize, zum Beispiel durch Genußmittel.

Ißt man täglich 60 g Eiweiß, dann kann man diese verteilen auf 40 g pflanzliches Eiweiß und 20 g tierisches Eiweiß, das wären höchstens 100 g Fleisch. Bei steigender körperlicher Leistung muß man mehr Kohlehydrate in Form von Vollkornprodukten essen, nicht als Zucker oder Weißmehl. Mit steigenden Fleischmengen geht der Kohlehydratverbrauch zwangsläufig zurück und das ist physiologisch nicht zu verteidigen. Die körperliche Leistungsfähigkeit sinkt.

Dieser Speisekarten-Test läßt erkennen, daß wir heute noch weit davon entfernt sind, eine wirklich zur Gesundheit der Individuen und Generationen führende Durchschnittskost zu essen. Appetit und Gewohnheit herrschen und nur in wenigen Familien dürfte eine wirkliche Gesundheitskost üblich sein. Mehr als 2–3% der Bevölkerung sind es wohl sicherlich nicht.

Man muß auch erwägen, daß die Ernährung der Kinder mit einer unvollständigen Kost, wenn sie auch „wissenschaftlich" erlaubt ist, dahin führen kann, daß normale Funktionen einschlafen, und daß ein Übergang zu einer mehr naturgemäßen Kost oft schlecht vertragen wird. Jedenfalls ist es durchaus denkbar, daß eine chronische Mesotrophiekost zu einem Stadium führen kann, wo nur noch denaturierte Nahrung „vertragen" wird, und chronische Krankheiten diätetisch nicht mehr erfolgreich behandelt werden können. Hier liegen viele Probleme der heutigen Medizin, z. B. auch bezüglich der Krankenhauskost.

IV. Teil

VOM WERDEN DES KRANKHAFTEN

Wenn man die üblichen Gewichtskurven in Musterbeispielen zueinander ordnet, dann erhält man ein sehr eindrucksvolles Bild von den bisher beengten und nunmehr zu erweiternden Möglichkeiten. In der Abb. 8 sind Gewichtskurven nach der Zeitdauer angeordnet, die die Ratten gelebt haben. Und wenn auch eine mittlere Gruppe sich noch nicht genau kennzeichnen läßt, so sind doch die großen Unterschiede frappant genug, um wesentliche und überraschende Folgerungen zu ziehen.

Man kann die Kurven von oben nach unten lesen, oder umgekehrt und erhält dann ein übersichtliches Bild.

Von oben nach unten gelesen ergibt sich, daß mit einem beginnenden Mangel von voller Gesundheit zuerst chronische Krankheiten auftreten, daß dann die Lebenserwartung immer kürzer wird, und daß wir bei kurzen Lebenszeiten enden, bei denen die klassischen, tödlichen Mangelkrankheiten auftreten: Beriberi, Skorbut, Hungerödem, Hunger.

Umgekehrt, von unten nach oben gesehen, stellen wir fest, daß diese zuletzt genannten akuten Krankheiten an die **Verabfolgung von denaturiertem, quantitativ unzureichendem Eiweiß** gebunden sind. **Gibt man aber dann in der oberen Gruppe vollwertiges Eiweiß, läßt aber den B-Komplex fehlen, dann entsteht das Bild der Mesotrophie und damit der Komplex der Zivilisationskrankheiten.** Daß hier zahlreiche Übergänge möglich sind, ist verständlich. Erst sehr spät ist dem Verfasser klar geworden, daß bei dieser Anordnung das **Problem der „verlängerten Lebenserwartung" vom Menschen auf die Ratten zu übertragen ist** und daß damit ein neues unabsehbares Forschungsgebiet erschlossen ist. Im Zentrum steht der „Zeitfaktor", der zur Entstehung der einzelnen Krankheiten benötigt ist, und der von den verschiedenen Diätzusammensetzungen abhängig ist; und die Kardinalfrage ist das tierische Eiweiß und dessen Menge und Qualität. Dazu müssen die Bilder noch genauer analysiert werden (siehe Seite 76).

DER ZEITFAKTOR UND
DAS AUFTRETEN VON MANGELERSCHEINUNGEN

In der Abb. 7 ist von Gewichtskurven abgesehen und nur die Zeit in Jahren, angedeutet in Vierteljahren, dargestellt, in der Gruppe 1 wird die erwünschte Norm wiedergegeben.

Die Gruppe 2 umfaßt die Auswirkungen der Diät 18a + Vitamin B_1, also die Rattenmesotrophie. Da die Ratten bis zu drei Jahren leben und die beschriebenen krankhaften Veränderungen bekommen, kann man diese synthetische Diät wohl als „extreme Zivilisationskost" bezeichnen, die nunmehr durch Zulagen aufgesplittert werden kann, um die einzelnen Krankheiten hervorzurufen, nicht nur die ganze Summe. Dazu wird man Variationen der Zuchtdiäten benutzen müssen, sowie einzelne Zulagen usw.

Gruppe 3 umfaßt die gleiche Diät 18a, aber ohne Zulage von ausreichendem Vitamin B_1. Hier beginnt die eigentliche „Mangelkost"; daß sie nur unvollkommen in Erscheinung tritt liegt daran, daß Spuren von Vitamin B_1 und B_2 vorhanden sind im R o h c a s e i n.

Gruppe 4 umfaßt ein nicht genauer zu definierendes Zwischengebiet, das mit Gruppe 5 übergeht zu Rachitis, Keratomalakie und vielleicht zu Pellagra.

In Gruppe 6 finden wir endlich die eigentlichen lebensgefährlichen Mangelkrankheiten: Skorbut, Beriberi, Hungerödem, Atrophien.

In Gruppe 7 das Endergebnis: den absoluten Hunger.

Lebensdauer in Jahren und Mangelkrankheiten

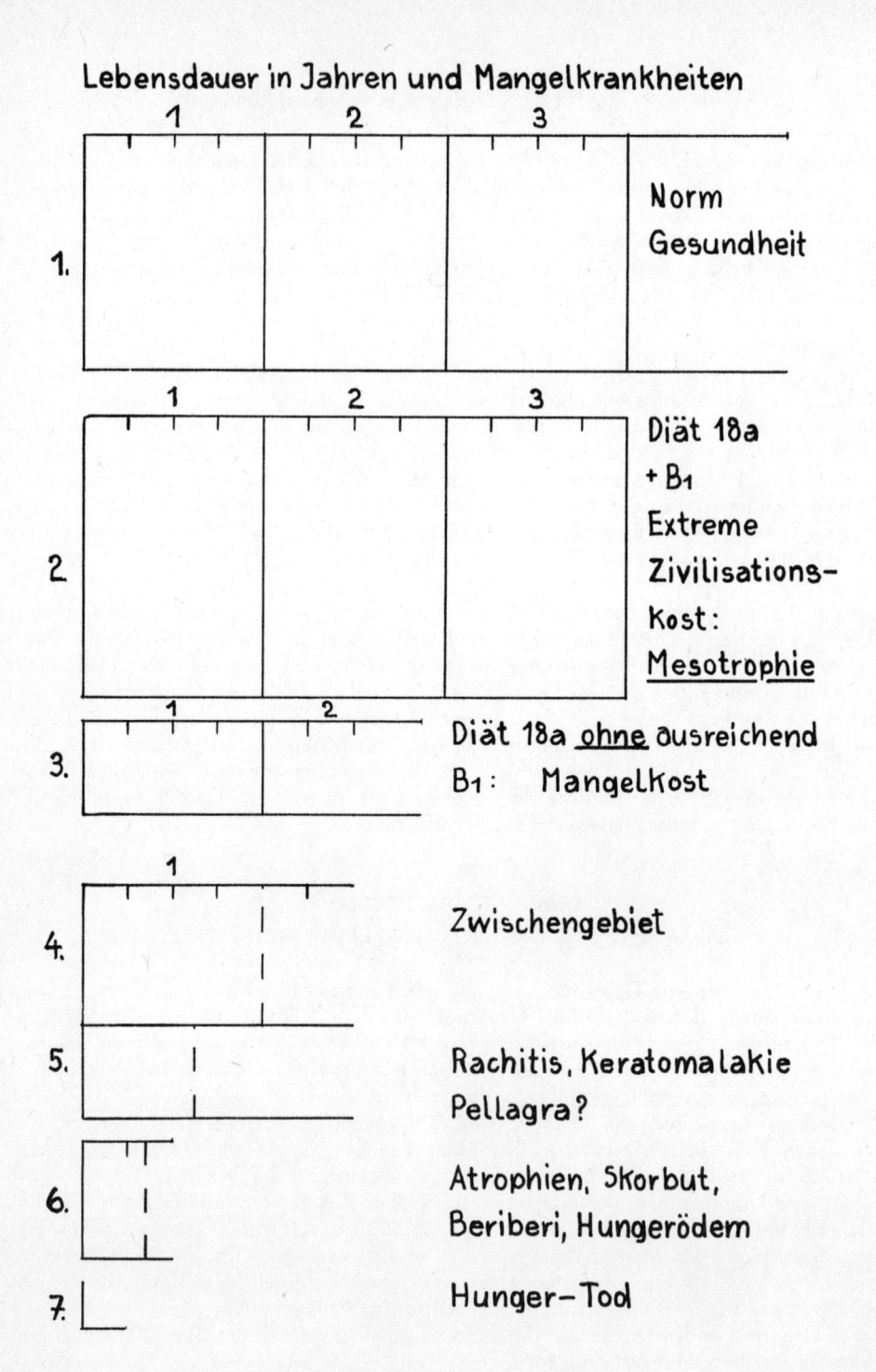

1. Norm Gesundheit (3+)
2. Diät 18a + B₁ Extreme Zivilisationskost: Mesotrophie (3)
3. Diät 18a ohne ausreichend B₁: Mangelkost (2)
4. Zwischengebiet (1+)
5. Rachitis, Keratomalakie, Pellagra?
6. Atrophien, Skorbut, Beriberi, Hungerödem
7. Hunger-Tod

Abb. 7

Zwischen Gruppe 5 und 6 beginnen die Folgen des Eiweißmangels und dessen Denaturierung, bis schließlich der absolute Kalorienmangel eintritt: Hunger.

Diese Aufteilung ist ein grobes Schema, um die Möglichkeiten des Mangels erkennen zu lassen. Die Variationen der Ursachen sind zahlreich. Jede Mangelkrankheit ist ein Syndrom, das sich aus verschiedenen vorbereitenden und zusätzlichen Ursachen zusammensetzt.

Der „Mangel" beginnt bereits bei der Mesotrophie, die im Rattenversuch die Ursachen in extremer Form erkennen läßt. Beim Menschen finden sich solche Extreme sehr selten, infolgedessen kommt es auch selten zu einem solchen großen Komplex von Organveränderungen. Nur jene Menschen, die sich vorzugsweise von tierischem Eiweiß, von Weißmehl und Zucker sowie von reichlich Fetten ernähren, dürften ideale Voraussetzungen für eine typische Mesotrophie bilden. Hier müssen im einzelnen Versuche mit großen Versuchszahlen durchgeführt werden. Am besten wäre es, wenn man solche Versuche an Schweinen machen würde, die nicht geschlachtet werden, damit sie Zeit haben, die Krankheiten zu entwickeln.

Das Gesamtgebiet der Mesotrophie umfaßt die Verhaltensweisen der Ernährungsgewohnheiten bei der Zivilisation der weißen Völker. Niemals sind die Krankheitsursachen „natürlich", wie die durch lebende Krankheitserreger, sondern stets sind es Fehler des Menschen, die als solche erkannt und vermieden werden könnten.

Nur die 6. Gruppe, bei der die tödlichen Krankheiten auftreten, macht den Eindruck schicksalhafter Seuchen; wegen des akuten Auftretens. Doch auch hier liegen die tieferen Ursachen im einseitigen menschlichen Verhalten.

Unvermeidlich sind Mängel, die in den Böden ihre Ursache haben, wenn Mangel an Spurenelementen herrscht, wie in Südafrika, Australien usw.

Stets ist zu beachten, daß bei jeder Mangelkrankheit nicht nur der Vitamingehalt, sondern auch der Mineralgehalt zu berücksichtigen ist, sowie die Beziehungen zueinander. Dazu muß man die pathologische Anatomie weit mehr als bisher in den Vordergrund bei der Forschung stellen.

Bezüglich der Natur der unbekannten Faktoren ist anzunehmen, daß der B-Komplex nicht ausreicht, sondern daß es sich um Spuren von Mineralien handelt, die einen Wertigkeitswechsel aufweisen, und in den lebenden Zellen während des Lebens wirken; beim Tode oxydiert zurückbleiben. Als Lokalisation kann man vielleicht den Nucleolus annehmen. Eine solche Auffassung würde mit JORDANS Auffassung übereinstimmen, daß das Leben an „ein Molekül" gebunden ist, das durch einen Strahl getötet werden kann bei Volltreffer.

DIE „VERLÄNGERTE LEBENSERWARTUNG" UND DIE MESOTROPHIE

In der Abb. 8 sind aus den Versuchen einige Gewichtskurven zum Vergleich zusammengestellt, um die Bedeutung der Mesotrophie klar erkennen zu lassen.

Unten links sind Gewichtskurven aus Versuchen gezeichnet mit Diäten, die zu Rachitis, Beriberi oder Skorbut führten. Das ist sehr bequem und schnell durchzuführen, denn in wenigen Wochen sind die gewünschten Resultate festzustellen. Die Rachitis entwickelt sich besonders schnell, sie ist aber als Experiment nicht identisch mit den Entstehungsbedingungen der menschlichen Rachitis. Denn die menschliche Rachitis ist keine an sich tödliche Erkrankung, sondern ein vorübergehendes Mangelstadium, das bleibende Folgen hinterlassen kann und hinterläßt. Die erhöhte Anfälligkeit ist vielmehr auf Ursachen zurückzuführen, die eine überraschende Ähnlichkeit mit der Mesotrophie haben. Man ist berechtigt anzunehmen, daß die Rachitis eine kindliche Abart der Mesotrophie des Erwachsenen darstellt (Seite 40). Diese Annahme könnte man dadurch beweisen, daß Kleinkinder möglichst frühzeitig feinen Vollkorn-Schrotbrei bekommen. So ernährte Kinder dürften kaum an Rachitis erkranken. Die wenigen Kinder, die ich zu beobachten Gelegenheit hatte, zeigten eine besonders strahlende Gesundheit und es fehlte völlig jedes Anzeichen von zu viel Fett, dem zu dicken Kind. Auch bekamen sie tadellose Gebisse. Jedenfalls scheint es, daß eine s o l c h e K i n d e r n a h r u n g d e r V e r a b f o l g u n g v o n r e i n e m V i t a m i n D b e i w e i t e m ü b e r l e g e n i s t.

Die sogenannten Rachitisdiäten sind außerdem unvollkommen, da sie, über längere Zeit gegeben, mit Sicherheit zum Tode führen (siehe Vollwert I, Seite 164). Daher kommen die Unklarheiten, die in der Kinderheilkunde heute noch über das Wesen der Rachitis herrschen.

Noch krasser sind die Auswirkungen der synthetischen Diäten, bei denen Beriberi oder Skorbut auftreten. Sie zeigen die gleichen Rückbildungsprozesse an Knochen und Zähnen bei beiden Krankheiten und führen ausnahmslos bald zum Tode. Es treten Blutungen auf, die als „skorbutisch" anzusprechen sind (Vollwert I, Seite 50/57). Die Diät muß dazu Öle, bzw. ungesättigte Fettsäuren, oder deren Salze enthalten. Beriberi setzt reichlich Kohlehydrate voraus, scheinbar noch andere Bedingungen, die durchaus auf seiten der D a r m f l o r a liegen könnten, wie die jetzt wohl vergessenen Versuche von FRIDERICIA über „Refektion" bewiesen haben. Jedenfalls sind hier noch unbekannte und ungelöste Probleme zu lösen.

Gemeinsam sind diesen Krankheiten eine „Unterwertigkeit" des Caseins (bzw. Eiweißes), wie sie auch den Erfahrungen entspricht, die man bei seuchenhaftem Auftreten von Skorbut gemacht hat. Auf Segelschiffen trat früher kein Skorbut auf, solange frisches Fleisch vorhanden war (FREUCHEN). Erst wenn Pökelfleisch und Schiffszwieback allein gegessen wurden, kam der Skorbut.

Eine grundlegende Änderung in Gewicht und Lebenserwartung tritt erst ein, wenn man weißes, möglichst naturbelassenes Casein zur Herstellung der Diäten benutzt und s t a t t A l k o h o l Ä t h e r zur Entfernung fettlöslicher Vitamine verwendet. Da solche Caseine nicht mehr im Handel sind, seit die Anlagen bei Merck, Darmstadt, wie erwähnt, durch Bombenangriffe zerstört wurden, muß man weißes Rohcasein Merck für die Mesotrophieversuche benutzen. Alle anderen Caseine, die der Verfasser erprobt hat, haben versagt. Nach brieflicher Mitteilung hat BERNÁŠEK, Prag, ebenfalls „weißes, süßes Casein" benutzt und mit Äther extrahiert. So sind dessen Versuche eine Fortsetzung von denjenigen des Verfassers, der sich auf die Lebensdauer der Individuen beschränken mußte.

Vergleicht man die Mesotrophiekurven mit Normalkurven, wie sie in zwei Fällen in Abb. 8 oben abgebildet sind, dann fällt die mehr horizontale Tendenz auf; vergleicht man sie mit den „aplastischen" Kurven von Beriberi usw., dann fällt die so w e s e n t l i c h v e r l ä n g e r t e L e b e n s e r w a r t u n g auf. Diese ist k e i n Z e i c h e n v o n G e s u n d h e i t, s o n d e r n k a n n m i t z a h l r e i c h e n c h r o n i s c h e n K r a n k h e i t e n (auch Tumoren) e i n h e r g e h e n. Das ist das Neuartige, das die Versuche des Verfassers von der üblichen Vitaminforschung unterscheidet.

Alle Gruppen können l e i c h t v e r v o l l s t ä n d i g t werden, wenn man V o l l g e t r e i d e p r o d u k t e oder Hefe, eventuell mit Mineralgemischen kombiniert, zusätzlich verabreicht. Die heutige Gewohnheit, unvollständige einzelne Vitamingemische oder auch nur solche zu verabreichen, dürfte eine Modesache sein.

Da in den verabreichten Gemischen das Vitamin C fehlt, könnte es durchaus sein, daß nicht nur die vollernährte Ratte, sondern auch der Mensch das Vitamin C zu synthetisieren vermag.

Wir haben, wenn die Deutung richtig ist, im Mesotrophieversuch eine Wiederholung der alten Vitaminversuche, wo zuerst der Tierversuch vorlag und nachträglich die Identi-

Abb. 8

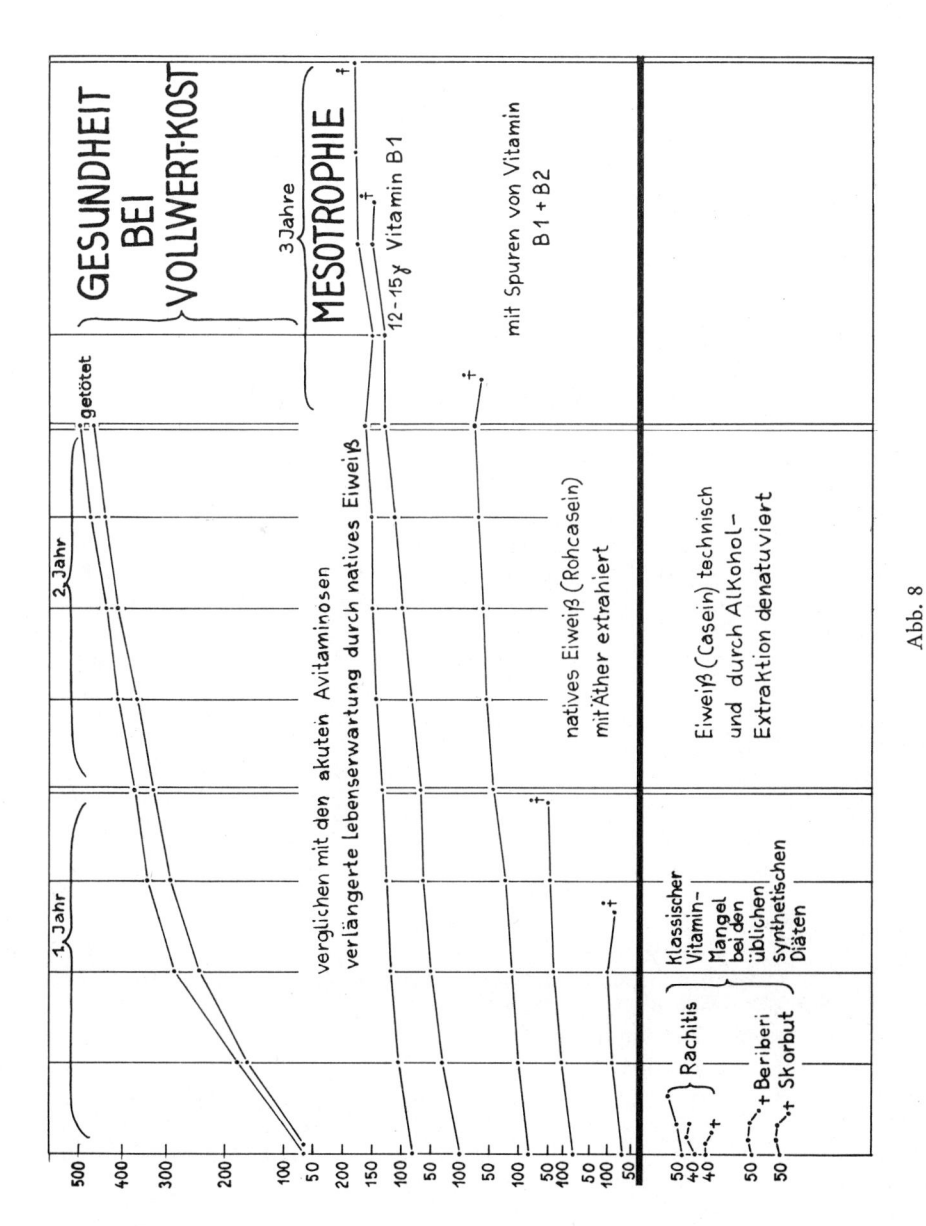

Mesotrophie-Kurven zwischen akuten Mangel-Kurven und Normal-Kurven

tät mit einer menschlichen Krankheit erkannt wurde; nur, bei der Mesotrophie handelt es sich um ein noch viel komplizierteres Problem, weil der Mechanismus und Chemismus der „inneren Selbstversorgung" zwischen Nahrung und krankhafter Reaktion eingeschaltet ist. Und diese Ursachen können über mehrere Generationen zurückliegen, eine sehr schwierige Aufgabe für die Forschung und nur mit großen Mitteln und einem ganzen Team von Mitarbeitern lösbar.

Praktisch aber sind die Dinge so einfach zu lösen, wie auch der technisch unerfahrene Laie ein Auto bedienen kann: er muß nur die richtigen Handgriffe machen, dann ist das Fahren einfach. Das Autofahren kann man lernen, d a s g e s u n d e L e b e n l e r n t m a n a b e r n i c h t, sondern folgt den G e w o h n h e i t e n u n d d e r W e r b u n g, bzw. d e r P r o p a g a n d a. Die stets unvollständige Wissenschaft ist an die Stelle der Natur getreten, das Unvollkommene an die Stelle des Vollkommenen. Wenn man dann begangene Fehler als solche erkennt, nennt man dies einen „Fortschritt"; gibt aber nicht zu, daß man vorher einen „wissenschaftlich begründeten Fehler" gemacht hat.

Wie tiefgreifend einseitige Vorstellungen sich auswirken können, geht aus der Geschichte der Getreide hervor.

WIE ES ZUR DENATURIERUNG DER VOLLKORNGETREIDE KAM

Von unserem heutigen Standpunkt aus, unserm Wissen der vielen „Vitamine" und der „Spurenelemente" und der Entwicklung der Nahrungsindustrien haben wir Urteilsmöglichkeiten, die dem vorigen Jahrhundert versagt waren. Von ganz besonderer Bedeutung wurde eine scheinbar rein praktische Erfindung: Es war die Erfindung der W a l z e n m ü h l e n, zuerst durch einen Müller ROLLER, dann verbessert durch einen Ingenieur SULZBERGER, dessen Mühlenkonstruktion bestes weißes Mehl produzierte und zunächst in Ungarn bei dem dortigen größten Mühlenbesitzer Graf Stefan SZECHENYI die ersten Schritte zum Weltmarkt tat. Auf der Pariser Weltausstellung 1873 lernten die Amerikaner dieses weiße Mehl kennen, und nun begann der Siegeszug der Walzenmühlen, die Produktion in den USA, und die Weltmacht „Weizen". Dazu gehörte selbstverständlich die Steigerung des überseeischen Verkehrs, das Dampfschiff, die Eisenbahn und alle die technischen Erfolge.

Diese Entwicklung aber erfuhr dadurch eine erhebliche Hemmung, daß der Weizen als volle Körnerfrucht transportmäßig „schwer" und kostspielig war. Und so strebte man danach, daß nicht mehr das Korn, sondern das leichtere Mehl in den Vordergrund trat. Das gelang dadurch, daß man Apparate konstruierte, die den K e i m d e s K o r n e s e n t f e r n t e n. Man nannte das „Spitzen". Denn der Keim mit seinem hohen Fermentgehalt erwies sich als Ursache dafür, daß keimhaltiges Mehl leicht ranzig und somit bitter wurde. In diesem „Spitzen" sah man einen großen geschäftlichen Vorteil. Und doch wurde diese Maßnahme zur U r s a c h e d e r w e l t w e i t e n K r a n k h e i t e n, die sich seit jener Zeit, also etwa seit 1880 ausgebreitet haben.

Zunächst müssen wir feststellen, daß die Bezeichnung „Spitzen" irregeführt hat; vielmehr handelte es sich um eine „A m p u t a t i o n" des Kornes, um nicht zu sagen Enthauptung. Nur der kalorisch wichtige Teil blieb übrig, das weiße Mehl. Und der Keim wurde ein erstklassiges F u t t e r m i t t e l f ü r S c h l a c h t t i e r e. So profitierte man auf allen Gebieten, allerdings auf Kosten der Volksgesundheit.

Nach der Entdeckung der klassischen Vitamine glaubte man, durch deren Zugabe alle Fehler behoben zu haben. Man blieb weiter bei der Denaturierung der Nahrungsmittel und gab synthetische Vitamine hinzu, man „vitaminierte" sie. Das Naturprodukt wurde „amputiert" und man gab „chemische Prothesen". Die unbekannten Faktoren blieben unberücksichtigt.

Besonders tragisch hat sich die „Amputation" des Getreidekorns erwiesen, da dadurch die Mesotrophie zu einer „Völkerkrankheit" werden mußte in dem Grade, wie Weißmehl und Zucker vorherrschend wurden. Daher die Auswirkungen etwa seit den Jahren um 1880. Diese Mängel konnten aber e r s t   e r k a n n t werden, als die Fortschritte der Medizin die natürlichen Krankheiten erfolgreich bekämpften und n u n m e h r   d i e   e r s t   n a c h   3, 6, 8   J a h r z e h n t e n   a u f t r e t e n d e n   M ä n g e l   o f f e n b a r   w e r d e n   k o n n t e n. Solche Mängel hat es sicher stets gegeben, doch konnten sie infolge des vorzeitigen Todes der Mehrzahl nur bei jenen wenigen offenbar werden, die ein höheres Alter erreichten. Es mußten viele Ursachen und Umweltänderungen zusammenkommen, um die bis dahin verborgenen Mängel manifest zu machen.

MESOTROPHIE UND MENSCHHEITSGESCHICHTE

In der Abb. 9 ist der Versuch unternommen, die experimentellen Erfahrungen bei der Untersuchung der mesotrophischen Mangelzustände und dem dadurch bedingten Verfall der Bindegewebe in die Geschichte des Menschengeschlechts einzufügen. Dazu werden zwei Grundwerte gegenübergestellt: die Lebenserwartung der Menschen und die statistisch nachgewiesenen Todesfälle an den sogenannten Zivilisationskrankheiten. Letztere Kurve ist aus dem Buch des Verfassers „Zivilisationsbedingte Krankheiten und Todesursachen" übernommen und sinngemäß transponiert (dortige Abb. 22, Seite 104, 2. Aufl.). In dieser Kurve sind nicht nur die wirklichen Todesfälle eingetragen, sondern auch die geschätzte Dauer der vorhergehenden Krankheitsdauer. Vor diesen beginnenden Symptomen liegen aber die Zeiten, in denen sich bereits die Frühstufen der späteren Krankheiten erkennen lassen, wenn man systematisch die „Gesunden" untersuchen würde.

Hier darf man sich auf die Ergebnisse des Peckhamexperiments stützen (siehe l. c. Seiten 109 u. 110), aus denen hervorgeht, daß von Männern nur ungefähr 14%, von Frauen nur ungefähr 4% völlig ohne Krankheitszeichen waren. Diese Zahlen sind aber noch zu gering, da der Gebißverfall bei diesen Untersuchungen nicht systematisch berücksichtigt zu sein scheint.

Diese Erwägungen führen zu dem Ergebnis, daß wir trotz des Fehlens der akuten klassischen Mangelkrankheiten wie Skorbut, Beriberi und Pellagra in den zivilisierten Ländern durchaus nicht berechtigt sind, auf eine wirklich vollwertig ernährte Bevölkerung zu schließen, sondern daß die Mesotrophie eine experimentell begründete Erklärung für die Ausbreitung der sogenannten Zivilisationskrankheiten bietet.

Als theoretisch mögliche Gesundheitskurve wird eine Kurve angenommen, die vom ersten Lebensjahr bis zum 70. Jahr ziemlich gleichmäßig langsam ansteigt und die als „Grenze" einer vollen Gesundheit angenommen wird: Abb. 9, Seite 82, Kurve A.

Dieser Kurve A steht die Kurve B gegenüber, die die Sterbefälle (mit vorhergehender nachgewiesener) Krankheit erkennen läßt, etwa vom 30. Lebensjahr an. Eine entsprechende Kurve für die Kindheit steht nicht zur Verfügung, sie müßte links unten beginnen und langsam ansteigen, über das 10. bis 20. Jahr. Vom 30. Jahr an würden dann die mesotrophischen Veränderungen der Bindegewebe einsetzen.

Da es keine Statistik über Gesundheit gibt, wenn wir nicht das inzwischen aufgegebene P e c k h a m e x p e r i m e n t als Beispiel nehmen könnten, ist es wohl nicht zu kühn, wenn man annimmt, daß wahrscheinlich nur 20% der bis 30jährigen noch voll gesund sind, daß also nur jeder vierte bis fünfte Mensch gesund ist, um großzügig zu schätzen. Die meisten Menschen halten sich aber für gesund, weil sie die gleichen Beschwerden haben wie die meisten ihrer Bekannten, und doch wissen wir, daß jeder vierte bis fünfte Mensch an „Krebs" stirbt, oder an Herzkrankheiten, Kreislaufkrankheiten; daß mindestens 98% einen Gebißverfall aufweisen und daß die meisten Menschen demnach irgend-

Abb. 9

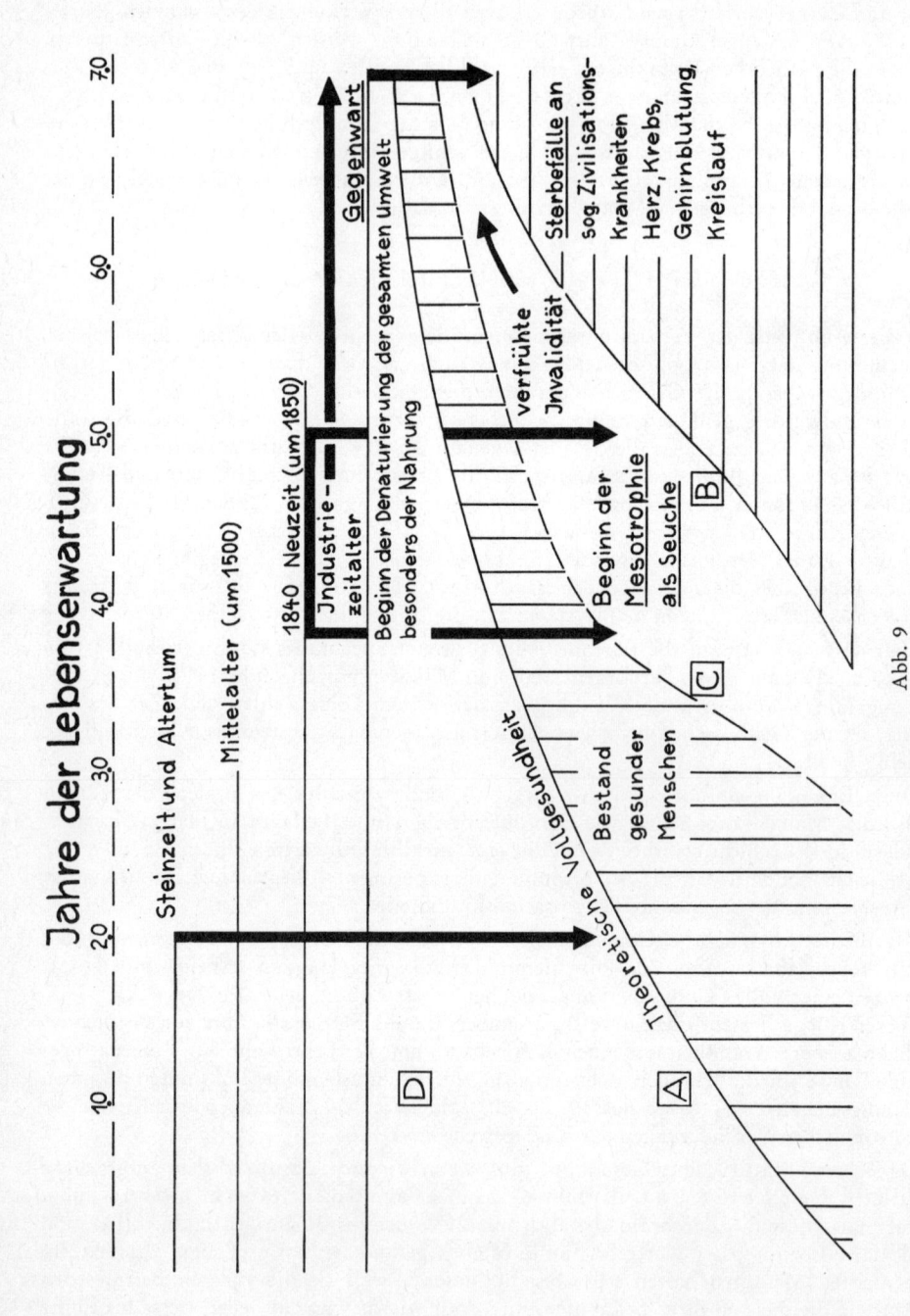

Geschichte, Lebenserwartung und Mesotrophie, eine vergleichende Darstellung

wie chronisch „defekt" sind, wenn auch noch nicht ausgesprochen „krank". Aber wo liegt hier die Grenze?

Diese Vorstellungen wären zum Verzweifeln, wenn es nicht Mittel gäbe, mit denen man diesen chronischen Defekten helfen könnte, rechtzeitig zur Vollgesundheit überzugehen, und zwar durch eine **wirklich vollwertige Ernährung**. Dabei ist das Vollkornprodukt unentbehrlich.

Unter diesen Erwägungen ist die Kurve C entworfen, als hypothetische Abgrenzung gegen „das Gesunde". Zwischen ihr und der Kurve B der Sterbefälle liegt das Gebiet der Mesotrophie, ungemein reich, und nicht nur das Gebiet der Inneren Medizin umfassend, sondern ins Gesamtgebiet der Medizin reichend.

Berücksichtigen wir diese auf verläßlichen Zahlen beruhende Hypothese, dann können wir diese Tatsachen nunmehr auf die **Lebenserwartung** übertragen, wie sie oben bis zum 70. Jahr symbolisch dargestellt ist.

Man rechnet, daß die Menschen der Steinzeit bis zum Ende des Altertums eine Lebenserwartung von etwa 20 Jahren gehabt haben, daß diese bis zum Ende des Mittelalters etwa 30 Jahre betrug, und um 1850 etwa 50 Jahre. Dann erfolgte der rapide Anstieg, bis zum derzeitigen Wert von 65–70 Jahren (Kurve D).

Ziehen wir nun senkrechte Linien, dann trifft die Linie vom 20. Jahr auf eine noch weitgehend „gesunde" Bevölkerung; das könnte mit den Befunden an Skeletten übereinstimmen, wie sie zum Beispiel aus der Steinzeit stammen, von denen als „Neandertaler" wir aber nur etwa 200 Skelette und meist jugendlichen Alters gefunden haben. Diese Menschen wurden nicht alt genug, um durchschnittlich schwerere Krankheiten entstehen lassen zu können und auf dem relativ frühen Tode dieser Urzeiten beruht auch die „Täuschung", daß es früher wirklich besser gewesen sei als heute. Man erlag den großen Seuchen, besonders den Pocken, vielleicht dem Fleckfieber, in wärmeren Gegenden der Malaria und anderen Infektionen und nur aus manchen schriftlichen Aufzeichnungen von Ärzten können wir entnehmen, daß Krankheiten weit verbreitet waren. Alterskrankheiten sind viel beschrieben. Es sei verwiesen auf das Buch von Jürgen THORWALD: „Macht und Geheimnis der frühen Ärzte". Aus den Ausgrabungen in Ägypten, wo die Mumien sich besonders gut erhalten haben, kennen wir zahlreiche auch heute noch bestehende „Zivilisationskrankheiten". Wenn diese Zahlen heute so viel größer sind, so doch wohl nur deshalb, weil mehr Menschen infolge der erfolgreichen Bekämpfung der vorzeitigen Todesursachen länger leben, richtiger, länger chronisch krank sind.

Ziehen wir nun eine senkrechte Linie vom 50. Jahr ab, so treffen wir auf eine Verminderung der Zahlen von „Gesunden" und einen starken Anstieg der mesotrophisch Angeschlagenen und auf den Anstieg der wesentlichsten Sterbefälle (Kurve B). Und diese Zahlen steigen weiter, bis jetzt, wie aus der Statistik des Bundesstatistischen Amtes hervorgeht, ein **Rückgang bei den Männern** deutlich erkennbar ist. So fügt sich das Reich der Mesotrophie zwanglos in die Geschichte der Menschheit ein.

Krankheiten, die ins Gebiet der Mesotrophie gehören, hat es stets gegeben, doch blieben es wohl meist Einzelfälle. Erst als es gelang, mit der Pockenimpfung den Frühtod der Kinder zu bekämpfen, und als die Bildung der Städte mit ihren ganz anderen Umweltbedingungen einsetzte, als das Fleckfieber verschwand und etwa von 1830 an der Beginn von „Sanierungen" stattfand, gingen die vielen Sterbefälle zurück und die Lebenserwartung konnte zuerst langsam, dann mit den Erfolgen der wissenschaftlichen Medizin schlagartig ansteigen. Es konnten aber **Fehler, die bis dahin nicht erkannt waren, sich bei immer mehr Menschen bemerkbar machen** und zu diesen Fehlern gehörte die **Denaturierung der Nahrung** in erster Linie, da die alte Ernährungslehre unvollkommen war, wie in diesem Buch ausgeführt wurde. Auch heute ist die Nahrung noch nicht wirklich **vollwertig**, sondern es fehlen noch Stoffe, die chemisch zwar noch nicht bekannt sind, die der Organismus aber benötigt. Bei der langsamen Entwicklung der mesotrophischen Veränderungen hat es mehrere Jahrzehnte gedauert, bis aus den „Einzelfällen" eine **Völkerseuche** wurde, wie sie jetzt in den zivilisierten Ländern herrscht. Und es ist nur ein Glück, daß man auch ohne Kenntnis der chemischen Natur der **fehlenden Stoffe durch Vollkornprodukte die heute erkennbaren Schäden leicht und billig beheben kann**. Daß die einseitig empfohlene Kost von tierischem Eiweiß, verbunden mit Mangel an Vitamin-B-Komplex, das nicht kann, dürfte nunmehr klar sein.

Vom medizinhistorischen Gesichtspunkt aus gesehen handelt es sich bei der Ausbreitung der Mesotrophie um eine Seuche der Zivilisation, die, nachdem ihr Wesen einmal erkannt ist, auch bekämpft und vermieden werden kann.

Wenn die Bekämpfung der Mesotrophie nicht erfolgt, ist mit einer Degeneration (im Sinne Bernášeks) in 3 bis 6 Generationen zu rechnen. Die Zahl der Angehörigen der zivilisierten Völker wird sinken, damit auch ihre Leistung und ihre Macht, die natürlichen Seuchen niedrig zu halten. Diese werden dann ihre alte Herrschaft wieder antreten.

LEBENSERWARTUNG

Zwei große Bevölkerungsprobleme gehören in das in diesem Buch behandelte Gebiet: die „verlängerte Lebenserwartung" und die „Akzeleration". Beide Phänomene haben um 1880 begonnen und lassen vermuten, daß **gemeinsame Ursachen** mitwirken. Bei so komplizierten Verhältnissen ist es nicht zulässig, alles allein auf „die Ernährung" zurückzuführen, sondern diese kann immer nur eine zusätzliche Rolle spielen im Rahmen der **gesamten Wandlung der Umwelt**.

Völlig unzulässig ist es, die verlängerte Lebenserwartung als einen positiven Beweis für eine vollwertige Kost der zivilisierten Menschen anzusehen, dagegen spricht die Mesotrophie, deren Bedeutung im vorstehenden ausführlich begründet wurde. **Man lebt nicht länger, weil man gesünder geworden ist, sondern weil man länger krank sein kann**. Und die entstehenden Krankheiten lassen sich nicht durch die üblichen Vitaminkombinationen beheben.

Die verlängerte Lebenserwartung ist eine **Auswirkung der Erbanlagen**, die deshalb manifest werden können, weil die früheren Todesursachen weitgehend verhindert werden können, aber nicht ein Beweis für eine wirkliche Gesundheitskost. Dazu fehlt noch viel. Die derzeitige Lage ist dahin zu kennzeichnen: **Langes Leben und Gesundheit sind „getrennt"**, und statt dessen ist **langes Leben und chronische Krankheit vorherrschend** geworden. Daß eine Grenze in der Lebensverlängerung erreicht ist, geht aus den Mitteilungen des Statistischen Bundesamts hervor.

Trotz der bei oberflächlicher Betrachtung scheinbar sicheren Feststellung der „verlängerten Lebenserwartung" haften dieser Methode doch wesentliche Schwächen an. Lohbeck bezeichnet die Propagierung der verlängerten Lebensdauer als eine vorzüglich funktionierende Aktion der allgemeinen Volksverdummung. So ist es eine gern verschwiegene Tatsache, daß die Menschen, die „wirklich lebten", diejenigen also, die nicht einem frühzeitigen Seuchen- und Kriegsgrund, bzw. im Kindbett zum Opfer fielen, im Durchschnitt sehr viel älter wurden als der heutige Zivilisationsmensch. Dies läßt sich bei einer Überprüfung der Kirchenbücher oder auch bei einem Gang über die Friedhöfe und der Betrachtung der Sterbedaten auf den Grabsteinen leicht und eindeutig feststellen.

Hinzu kommt, daß früher die Menschen vielfach im Säuglingsalter starben, was die heutige Statistik nicht berücksichtigt. Ferner fehlen die Todesfälle durch Abtreibung oder Fehlgeburten, Zahlen, die in der Bundesrepublik auf 1 Million Fehlgeburten und 1½ Millionen Abtreibungen geschätzt werden. Grundsätzlich sollte eine solche Statistik nur auf der Lebenserwartung von mindestens 5jährigen aufgebaut werden und die jüngeren Jahrgänge dürften nicht berücksichtigt werden (l. c. Seite 104).

Aber auch trotz dieser Mängel in der üblichen Statistik sind die veröffentlichten Daten alarmierend genug, da aus den zuletzt veröffentlichten Tabellen des Bundesamts für Statistik hervorgeht, daß die Lebenserwartung der männlichen Bevölkerung vom 30. Jahre an bereits zurückgeht.

DER BEGINNENDE RÜCKGANG DER „VERLÄNGERTEN" LEBENSERWARTUNG

Tabelle 7
Durchschnittliche Lebenserwartung in Jahren
der Bevölkerung im Bundesgebiet nach Geschlecht und Alter

Vollendetes Alter in Jahren	Männliche Personen		Weibliche Personen	
	1949/51	1959/60	1949/51	1959/60
0	64,56	66,69	68,48	71,94
1	67,80	68,31	71,01	73,17
5	64,47	64,71	67,61	69,51
10	59,76	59,92	62,84	64,65
15	54,98	55,05	57,98	59,74
20	50,34	50,38	53,24	54,89
25	45,83	45,83	48,55	50,06
30	41,32	*41,21*	43,89	45,27
35	36,80	*36,56*	39,26	40,51
40	32,32	*31,98*	34,67	35,83
45	27,93	*27,48*	30,14	31,22
50	23,75	*23,16*	25,75	26,74
55	19,85	*19,14*	21,50	22,39
60	16,20	*15,53*	17,46	18,22
65	12,84	*12,36*	13,72	14,34
70	9,84	*9,54*	10,42	10,86
75	7,28	*7,10*	7,68	7,92
80	5,24	*5,11*	5,57	5,63
85	3,72	*3,60*	4,02	3,95
90	2,66	*2,45*	2,89	2,83

Aus der Tabelle läßt sich erkennen, daß **vom 30. Jahre ab die Lebenserwartung der Männer deutlich und einheitlich abgenommen hat**. Das Schicksal der Bevölkerung hat sich also gespalten: die Frauen haben bessere Chancen als die Männer. Um den Unterschied deutlich zu machen, wurde aus den Zahlen nur die Gruppe von 35 bis 70 Jahren gewählt. Es läßt sich erkennen, daß die bisher schon bekannte Divergenz der Lebenserwartung von Männern und Frauen sich vergrößert hat, derart, daß die Lebenserwartung der Frauen weiter im Zunehmen begriffen ist, **die der Männer über 30 aber rückläufig geworden ist**, verglichen mit der Berechnung für 1949/51. Die Differenz beträgt jetzt durchschnittlich 3½ Jahre.

(Die Zahlen sind veröffentlicht in der Zeitschrift des Statistischen Bundesamts „Wirtschaft und Statistik", und zwar Sterbetafel 1958/59 nach Geschlecht und Todesursachen, Sterbetafel 1959/60.)

Diese Zahlen sind nun zu ergänzen durch die Ergebnisse der Allgemeinen Sterbetafel für die Bundesrepublik Deutschland 1960/62, wie sie von K. SCHWARZ in der Deutschen Akademie für Bevölkerungswissenschaft (Akademie-Veröffentlichung Reihe A, Nummer 8, Hamburg 1965) veröffentlicht worden sind.

Die Sterblichkeit erreicht ihren niedrigsten Stand bei den 11jährigen Knaben und Mädchen, das heißt in einem Alter, in dem die Infektionskrankheiten im allgemeinen überwunden sind oder keinen lebensgefährlichen Verlauf mehr nehmen und die Unfälle die Haupttodesursache werden.

Dann kommt es, namentlich bei den männlichen Personen, zu einem bedeutenden Anstieg der Sterblichkeit, der vorzugsweise auf die z u n e h m e n d e n K r a f t f a h r z e u g u n f ä l l e zurückzuführen ist. Ohne diese Unfälle würde kein wesentlicher Unterschied für die 20- bis 31jährigen Männer bestehen, bei den Frauen ist die Zunahme nur halb so groß wie bei den Männern. Nun aber, mit zunehmendem Alter, kommt man zu den „Todesursachen mit zunehmendem Alter". Eine weitere wichtige Beobachtung bei den Männern sind die h o h e n Z u n a h m e n d e r S t e r b e w a h r s c h e i n l i c h k e i t e n v o m 5 0. L e b e n s j a h r a b. Bei den Frauen sind ähnlich hohe Zunahmen erst in einem späteren Lebensabschnitt zu b e o b a c h t e n. Die Kurve der Sterbewahrscheinlichkeit der Männer hat dadurch im Bereich der 50- bis 70jährigen eine weitere, aber flachere Ausbuchtung nach oben als um das Alter von 20 Jahren. Das bedeutet, daß vom 50. Lebensjahre ab das Sterberisiko der Männer besonders schnell wächst."

„Die durchschnittliche Maßzahl aus Sterbetafeln ist die durchschnittliche Lebenserwartung in jedem Alter. Die durchschnittliche Lebenserwartung der neugeborenen K n a b e n beträgt nach der Sterbetafel 1960/62: 66 Jahre und rund 10 Monate und für die neugeborenen Mädchen 72 Jahre und rund 5 Monate, also 5 ½ Jahre mehr."

Ein erheblicher Unterschied besteht nun in der berechneten Zunahme der Lebenserwartung der Neugeborenen zwischen 1871/80 und der Gegenwart; sie betrug für Knaben früher 35,58, für Mädchen 38,45 Jahre, jetzt hingegen f a s t d a s D o p p e l t e, also 66 Jahre 10 Monate, bzw. 72 Jahre 5 Monate.

„B e d e u t e n d g e r i n g e r w a r j e d o c h d i e Z u n a h m e d e r L e b e n s e r w a r t u n g i n d e n h ö h e r e n A l t e r s g r u p p e n. Bei den 65jährigen Männern zum Beispiel stieg sie nur von 9,55 auf 12,36 Jahre und bei den gleichaltrigen Frauen von 9,96 auf 14,60 Jahre, weil der Rückgang der Sterblichkeit vor allem die jüngeren Altersgruppen und unter diesen in erster Linie die Säuglinge und Kinder betraf." Bei diesen jüngeren Altersgruppen konnten sich die Schäden der Zivilisationskrankheiten noch nicht auswirken.

Nimmt man alle Altersgruppen zusammen, so „ergibt sich zwar ein sehr positives Bild", auf das sich die Werbung für die Zivilisationskost stützt, aber dann werden die Zahlen durch die Zunahme der tödlichen Unfälle so gestört, „daß der Rückgang der Sterblichkeit an anderen Todesursachen hierdurch beinahe aufgewogen wird".

Vom 30. Jahr ab beträgt der S t e r b l i c h k e i t s r ü c k g a n g b e i M ä n n e r n n u r 2 5 %, b e i F r a u e n a b e r 4 0 %. Während die Sterblichkeit der Frauen, wenn auch stark degressiv, abgenommen hat, „ist die Sterblichkeit der älteren Männer zum Teil bedeutend gestiegen". „Für die Altersgruppen über 54/55 hat die Sterbetafel 1960/62 Sterbewahrscheinlichkeiten ergeben, die bei den 63- und 64jährigen um fast 20 % über den Sterbewahrscheinlichkeiten 1949/51 liegen. Um mehr als 10 % ist die Sterblichkeit der 58- bis 70jährigen Männer seit 1949/51 gestiegen" (Abb. 34).

In der Hauptsache ist d i e s e u n g ü n s t i g e E n t w i c k l u n g d e r Z u n a h m e d e r S t e r b e f ä l l e d e n H e r z k r a n k h e i t e n zuzuschreiben. Die sehr ungünstige Entwicklung der Todesursache Herzkrankheiten, die in diesem Umfang nicht auf Fehlern bei der Angabe der Todesursachen beruhen kann, ist deswegen so bedeutungsvoll, weil die Sterbefälle an Herzkrankheiten beispielsweise in der Altersgruppe der 60- bis 65jährigen Männer 27 % aller Sterbefälle ausmachen. „In etwa dem g l e i c h e n U m f a n g h a t d i e S t e r b l i c h k e i t d e r M ä n n e r a n K r a n k h e i t e n d e r V e r d a u u n g s o r g a n e in der Altersgruppe der 60- bis 65jährigen z u g e n o m m e n." Hier besteht also ein direkter Zusammenhang mit einer Fehlernährung.

„Außerdem ist die Zunahme der Krebssterblichkeit um 19 % in der Altersgruppe der 60- bis 65jährigen noch besonders zu erwähnen, weil die Krebssterbefälle etwa 25 % aller Sterbefälle dieses Alters umfassen."

Die Unterschiede der Sterblichkeitsentwicklung bei Männern und Frauen hatten zur Folge, daß die „Übersterblichkeit" der Männer in einigen Altersgruppen stark zugenommen hat.

In den Jahren 1949/51 überstieg zum Beispiel die Sterblichkeit der Männer im Alter von 20 Jahren die der gleichaltrigen Frauen nur um 64%; 10 Jahre später betrug die S t e r b l i c h k e i t d e r M ä n n e r d i e s e s A l t e r s j e d o c h d a s 3 f a c h e d e r S t e r b l i c h k e i t d e r F r a u e n. Eine weitere bedeutende Zunahme der „Übersterblichkeit" der Männer liegt vom 50. Lebensjahr ab vor. Sie beträgt für die 55- bis 60jährigen Männer das Doppelte der Sterblichkeit der Frauen.

„Zwar hat die Sterblichkeit der Männer bis etwa zum 55. Lebensjahr mehr oder weniger stark abgenommen, dieser Sterblichkeitsrückgang aber wurde kompensiert durch die Zunahme der Sterblichkeit bei den 55jährigen."

Diese genauen Angaben des Statistischen Bundesamts beweisen, daß die „Werbung", die für die Zivilisationskost getrieben wird, keineswegs statistisch haltbar ist. Der Laie, der die Zahlen nicht nachprüfen kann, wird durch solche „autoritativ" vorgetragenen Behauptungen direkt getäuscht.

Wenn man von den tödlichen Krankheiten absieht und sich an die chronischen Krankheiten hält, die statistisch kaum zu erfassen sind, die aber aus der Überfüllung der ärztlichen Wartezimmer, dem zunehmenden Bedarf an Krankenhäusern, dem Tablettenmißbrauch usw. hervorgehen, kann man nur dem Chemiker METZNER zustimmen, daß „d e r G e s u n d h e i t s z u s t a n d d e r B e v ö l k e r u n g i n d e n w i r t s c h a f t l i c h h o c h e n t w i c k e l t e n L ä n d e r n s i c h z u n e h m e n d v e r s c h l e c h t e r t h a t." Wozu also einen solchen aussichtslosen Kampf?

Zu den wesentlichen Problemen gehört der Gebißverfall. Wenn man allerdings erklärt, „Caries sei keine Krankheit", kann man nur sagen: „Ich wußte nicht, daß Gesundheit weh tut."

DIE VERMINDERTE WEHRTAUGLICHKEIT

Völlig unabhängig von der Aufstellung großer stehender Heere ist die Frage, ob die jungen Jahrgänge gesundheitlich in der Lage sind, dem militärischen Dienst gewachsen zu sein. Doch hat diese Untersuchung den unschätzbaren Vorteil, uns sehr genaue Übersichten über den Gesundheitszustand zu geben. Bei der Fülle des Materials sei nur ein Beispiel herausgegriffen:

BANSI, der bekannte Kliniker in Hamburg, hat mitgeteilt, daß 1941 von 346 000 Wehrpflichtigen – also jungen Männern – 3% wegen Übergewicht untauglich waren. Zu viel Fett in der Nahrung wird dafür verantwortlich gemacht; das ist zugleich mit zu viel Fleischgenuß verbunden und Grund genug, diesen nicht zu propagieren. Neuere Zahlen stehen dem Verfasser nicht zur Verfügung, wohl aber Mitteilungen, wonach Soldaten der amerikanischen Wehrmacht schon um das 30. Jahr herum arteriosklerotische Erscheinungen der Herzarterien haben sollen.

Bei dieser verminderten Wehrtauglichkeit spielt wahrscheinlich die Mesotrophie eine wesentliche Rolle. Ein zu starker Fettansatz ist schließlich wesentlich dadurch bedingt, daß der S t o f f w e c h s e l g e s c h w ä c h t ist. Die abnehmende körperliche Bewegung spielt dabei selbstverständlich eine wesentliche Rolle, wie das Phänomen als solches nicht ausschließlich vom Ernährungsstandpunkt beurteilt werden darf. Als sicher ist anzunehmen, daß die verlängerte Lebenserwartung nicht ein Zeichen verbesserter Gesundheit ist, sondern sehr wohl mit vielen chronischen Krankheiten verbunden sein kann. Deshalb ist „der Kranke" auch ein Wirtschaftsfaktor ersten Ranges.

KÜHNAU zitiert JOCKL: „Die Menschen reifen früher als das bei der vorangehenden Generation der Fall war und altern später." Sie werden aber chronisch krank.

ERNÄHRUNG UND AKZELERATION, EIN STOFFWECHSELPROBLEM

Es wäre falsch, wenn man auf Grund dieser vorstehenden Ausführung auf den Gedanken käme, daß der Verfasser monoman alle Zivilisationsstörungen mit der Mesotrophie in Verbindung bringen wolle. Nichts könnte falscher sein. Deshalb soll noch ein besonderes Gebiet behandelt werden, das die gesamte zivilisierte Bevölkerung befallen zu haben scheint, das Phänomen, daß die J u g e n d l i c h e n   a u f f a l l e n d   l ä n g e r werden und daß diese Erscheinung bereits bei Neugeborenen festgestellt worden ist, mit der Ernährung der einzelnen also kaum etwas zu tun haben kann.

Aus der Literatur scheint hervorzugehen, daß diese Verlängerung e i n s e i t i g   d i e R ö h r e n k n o c h e n betrifft, so daß deren Wachstum eine erkennbare Ursache enthalten dürfte.

Aus eigenen Versuchen seit 1926 geht hervor, daß das Wachstum der Knochen ein entwicklungsgeschichtlich bestimmter Prozeß ist, der vom Werden des Knorpels über die verschiedenen Stufen bis zum Skelett der Warmblüter geht und immer wieder ähnlichen Gesetzmäßigkeiten unterliegt. Das wurde im „Vollwert, Band I" ausführlich begründet und mit Abbildungen versehen.

Aus diesen Versuchen hat sich ergeben, daß die Intensität des Wachstums nicht durch ein größeres Angebot von Wachstumsstoffen gesteuert wird, sondern daß von dieser Seite bei normaler Ernährung stets ein Überangebot vorliegt, das als Voraussetzung artbedingte Erbanlagen hat. Die w i r k l i c h e   I n t e n s i t ä t   w i r d   d a d u r c h   e r k l ä r l i c h, daß die durch die Produktion von Knorpelzellen und Knorpelzwischensubstanz mögliche Bildung von Knochen d u r c h   e i n e   e n t g e g e n g e s e t z t   w i r k s a m e R e s o r p t i o n   g e s t e u e r t   w i r d, die teils vaskulär, teils zellulär bedingt ist. Bei dieser Resorption wirken seitens der Ernährung verschiedene Vitamine mit, wie Vitamin A und C, seitens der Hormone die Hypophyse und die Nebenniere, seitens der Umwelt Reize wie der „Stress" (SELYE), die die Leistungen des Abbaustoffwechsels steigern, also eine Menge von Zivilisationsumständen. Dies kann mit verminderter körperlicher Leistung verbunden sein.

Diese Prozesse, die also aus polar entgegengesetzten Funktionen bestehen, bilden „Fließgleichgewichte" im Sinne von VON BERTALANFFY, nur hat sich der „Normalspiegel" verschoben, derart, daß die resorptiven Abbauprozesse stärker als früher ablaufen.

Da von diesem Prozeß die flachen Knochen nicht betroffen sind, muß daraus eine D i s h a r m o n i e entstehen.

Jene Autoren dürften recht haben, die in der Akzeleration eine Vereinigung verschiedener Ursachen sehen, wie die Zivilisation sie notwendigerweise herbeiführt. Und wenn die Untersuchung der Knochen hier in den Vordergrund gestellt wird, so möge ein anderes Wort von GOETHE zitiert werden:

„Es ist nichts in der Haut, was nicht im Knochen ist."

Es ist sogar daran zu denken, daß die Akzeleration eine verborgene Mangelkrankheit an Spurenelementen sein könnte. Dafür sprechen folgende Mitteilungen. Ein holländischer Landwirt, DICKHUIS in Zuidhorn, machte auf Beobachtungen des Tierarztes GRASHUIS aufmerksam, wonach bei Weidetieren auf m i n e r a l a r m e n   B ö d e n   e i n e   a u f f a l l e n d e   L ä n g e n z u n a h m e   a u f t r e t e n   s o l l,   g e p a a r t   m i t   u n z u r e i c h e n d e r   B r u s t t i e f e.   W e n n   m a n   a b e r   K n o c h e n m e h l   o d e r   e i n g u t e s   M i n e r a l g e m i s c h   v e r a b r e i c h e,   e n t s t ä n d e n   n o r m a l e L ä n g e n v e r h ä l t n i s s e. Aus eigenen Rattenversuchen ist dem Verfasser bekannt, daß es keine Mangelkrankheit gibt, bei der sich nicht irgendwelche Knochenveränderungen fänden. Hier sollte man also suchen und danach streben, die A k z e l e r a t i o n d e r   J u g e n d   z u   n o r m a l i s i e r e n. Auch der Gebißverfall und die Neigung zu engen Kieferbögen können hierher gehören.

GIGON, der oben bereits beim Eiweiß zitiert wurde, hat früher darauf hingewiesen, daß „längere Belichtungseinwirkungen" heute bei der Jugend stattfinden, was auf komplizierte Umweltwirkungen hinweist.

Es handelt sich bei der Akzeleration aber nicht nur um rein körperliche Prozesse. Da der Mensch vor allem ein „geistiges Wesen" ist, sind auch Auswirkungen auf das Geistesleben zu beachten.

NOLD, dem wir sorgfältige Studien über die Akzeleration verdanken, hat auf die erwähnten überdurchschnittlichen Maße der Neugeborenen hingewiesen. Es handelt sich dabei nicht um einen realen Gewinn, sondern um eine G l e i c h g e w i c h t s s t ö r u n g, derart, daß, w a s a n k ö r p e r l i c h e r V i t a l i t ä t g e w o n n e n w i r d, a n s e e l i s c h - g e i s t i g e n I n t e r e s s e n z u r ü c k g e h t. „Der Intellekt drängt sich vor." Die Menschen werden zu Symptomen des technischen Zeitalters, zu „Maschinenmenschen", nicht zu „Geistesmenschen", wie es angeblich bei vermehrter Fleischkost eintreten soll (nach KÜHNAU). „Das Maschinenzeitalter wird gefördert und es kommt zu einem Circulus vitiosus; der Sympathicus überwiegt den Vagus, es entsteht eine nervöse Dysregulation." NOLDs Urteil lautet: Die Bedingungen für eine günstige Beeinflussung der psychischen Verfassung durch das Leben unserer Zeit sind schlecht. E s h a n d e l t s i c h „u m e i n e s i c h s e l b s t s t e i g e r n d e S e u c h e, der irgendwie Halt geboten werden müßte". Mit anderen Worten, die Akzeleration wird weniger ein anatomisches, als vielmehr ein psychiatrisches Objekt und hat auch bei den Psychiatern entsprechende Beachtung gefunden (SCHICK).

Der zivilisierte Mensch gerät in die Situation, aus einem lebenden geistigen Wesen zu einer Maschine, ja, zu einer Maschinenprothese zu werden, zu einem Diener seiner von ihm erdachten Maschinen. Das ist das Gegenteil dessen, was der abendländischen Kultur vorschwebte.

Die Ernährung ist nur e i n Teil, allerdings ein sehr wichtiger Teil dieses historischen Geschehens.

DIE ZUKUNFT DER MENSCHLICHEN ERNÄHRUNG

Infolge der ärztlichen Fortschritte in der Krankheitsverhütung und -behandlung, der technischen Zivilisation insgesamt, der rapiden Zunahme der menschlichen Bevölkerung, rechnet man mit einer solchen Vermehrung der Menschen, daß die Nahrungsproduktion auf die bisherige Weise nicht mehr mitkommen kann und daß „Hunger" die unausweichliche Folge sein wird. Bei der Größe des Problems, das so vielschichtig ist, können hier nur einige Punkte besprochen werden, die von Wichtigkeit werden können.

1. Zunächst muß man davon ausgehen, daß die Gebiete, die landwirtschaftliche Produkte hervorbringen können, begrenzt sind. Die klimatischen und geographischen Bedingungen beschränken die Hauptproduktion auf einen Gürtel, der etwa zwischen dem 60. und dem 20. nördlichen Breitengrad liegt, und ein Analogon auf der südlichen Halbkugel hat, auf der aber die notwendigen Landmassen fehlen. Es sind dies die Gebiete, die ein „gemäßigtes Klima" haben und eine arbeitsame Bevölkerung aufweisen. Die äquatorialen Gebiete sind klimatisch ungünstig (mit Ausnahme der Höhenlagen) und tragen dazu bei, daß die dort lebenden Völker in ihrer körperlichen Arbeitsfähigkeit begrenzt sind, ebenso die Völker nördlich des 60. Breitengrades, die den Polargebieten sich nähern. Man muß nun weiter beachten, daß entweder aus natürlichen Gründen oder durch menschliches Fehlverhalten weite einst fruchtbare Gebiete unfruchtbar geworden sind, zu Wüsten, Steppen oder Sümpfen wurden. Das gilt für die Zwischeneiszeit, in der wir wahrscheinlich leben. Sollte eine neue Eiszeit einbrechen, ändern sich sowieso alle Berechnungen. Bleiben wir also bei der Annahme, daß bis auf weiteres die derzeitigen klimatischen Voraussetzungen erhalten bleiben.

2. Man sollte nun denken, daß es möglich wäre, eine erhebliche Mehrproduktion von Nahrung (Getreide, Hackfrüchten wie Kartoffeln, Rüben usw.) durch sorgfältige Bebauung und Pflege hervorzubringen, und daß es gelingen müßte, diese optimal zu gestalten. Dazu bedürfte es einer den verschiedenen Böden angepaßten D ü n g u n g , die große Organisationen voraussetzt.

3. Die Produktion wird sich immer mehr auf jene pflanzlichen Produkte einstellen müssen, die in der Lage sind, a l l e Spurenstoffe neben den Kalorienträgern zu beinhalten, das heißt Getreide aller Arten, je nach Klima und Gewohnheit. Daneben können weitere Wildgetreide gesucht werden, die sich hochzüchten lassen. Die Umwandlung der gegenwärtigen Getreide wurde bereits früher abgelehnt. Neben den Getreiden sind die Hülsenfrüchte, dann die Hackfrüchte zu berücksichtigen. Außerdem ist genügend Raum für Weidebetrieb vorzusehen. Denn Weidetiere wandeln Nahrung in Produkte um, die menschlichem Genuß dienstbar werden können. Das ist der natürliche Weg der Bereicherung, also Rind, Schaf, Ziege in erster Linie.

4. Nach NEUMANN-PELSHENKE ist hingegen die übliche M a s t mit großen Kalorienverlusten verbunden. Bei Verfütterung von Pflanzenkost werden folgende Nährstoffmengen wiedergewonnen:

Tabelle 8

bei Kälbermast	2%
bei Rindermast	7%
bei Eierproduktion über Geflügel	10%
bei Milchproduktion über Rind	24%
bei Fleischproduktion über Schwein	27%.

5. Die Beachtung der Darmflora auch bei Haustieren ist wesentlich. Die Aufzucht unter Zusatz von Antibioticis ist biologisch nicht nur ungeklärt, sondern auch nicht zu verantworten, weil die Normalflora und -fauna (Einzeller!) des Darms geschädigt werden. Gibt man synthetische Tierfutter, dann können gesunde Mikroorganismen diese synthetischen Produkte „biotisieren".

6. Daß der empfohlene Fleischgenuß auf die Dauer nicht verantwortet werden kann, dürfte aus den Ausführungen über die Entstehung der Mesotrophie hervorgehen. Man soll nicht augenblickliche Gewinne durch große Organisationen verankern und etwaige Schäden entstehen lassen. Sowohl die neuen Kenntnisse über die „lymphatische Resorption", wie über die Entstehung der Mesotrophie sind Warnungszeichen.

7. Sehr zu empfehlen sind die Anlagen von Hefefabriken, Algenfabriken usw., die entweder direkt als vollwertige Nahrung dienen können, oder Rohmaterial für verfeinerte Produkte sind.

8. Es ist nicht unmöglich, daß man bei den Getreiden unter geeigneten Bedingungen zu Sorten übergeht, die durch Tiefpflanzung eine vervielfachte Ernte gewähren. Solche Möglichkeiten sind experimentell bereits erprobt. Ich sah Zuchten von Getreide eines livländischen Arztes, bei denen aus einem Korn 96 Ähren mit voller Tracht entstanden waren. Die Körner waren in Schlick aus den Seen eingebettet*).

---

*) J. G. SEUME (Prosaische und Poetische Werke. Hempel Berlin, 1810), der „Wanderer nach Syrakus", hat in seinem Buch „Mein Sommer 1805" von einer Wanderung durch Rußland und Schweden berichtet, daß er zwischen Norrköping und Linköping Kornhalme in einer Höhe und Stärke gesehen habe, wovon er vorher keine Vorstellung hatte. „Nicht weit von Jönköping zog ich eine Ähre in einem Kornfelde, das noch nicht das beste war, die 10 gesunde Ähren hatte. Eine elfte, die krank war, warf ich weg, weil sie kaum einige gesunde Körner zu enthalten schien. Die geringste hatte 46 und die beste 58 Körner, und im ganzen zählte ich 504."

Es wird noch viele andere Möglichkeiten geben, um die Nahrungsproduktion zu steigern, so daß man vorläufig keine Sorge zu haben braucht. Wichtig ist die Schaffung geeigneter Mineralgemische.

Der V o r t e i l der alten Ernährungslehre war, daß man exakte physikalische und chemische Messungen anstellen konnte.

Der N a c h t e i l war, daß man die N a t u r p r o d u k t e   u n t e r s c h ä t z t e und ihre Empfehlung sogar bekämpfte.

Die Produktion s y n t h e t i s c h e r   N a h r u n g aus chemisch bekannten Substanzen wird stets daran leiden, daß sie irgendwie unvollständig ist, weil man die Natur nicht ersetzen kann. Die Prüfung der Produkte muß nach der Methode der Mesotrophie oder der von Bernášek erfolgen. Manchmal trifft man „Beweise" für den Nutzen der synthetischen Nahrung, die geradezu komisch wirken, wie zum Beispiel von dem physiologischen Chemiker Weitzel in Tübingen beim Symposion „Biochemie und Theologie" im Februar/März 1965, in der die synthetische Eiweißnahrung deshalb empfohlen wurde, weil dann die Schlachthäuser überflüssig würden und die Biochemie eine erhebliche Belastung der christlichen Ethik ausräumen würde. Es handle sich um einen „Oberbegriff des Tatchristentums", weil der Übelstand der Schlachtung durch die Chemie verschwinden würde. Von hier aus gibt es nur noch einen Schritt zum Gesundbeten.

Schuphan hat in seinem Buch „Zur Qualität der Ackerpflanzen" Richtlinien für Ackerkulturen aufgestellt. Es ist zwar zu erwarten, daß man vorläufig noch die derzeitige Verschwendung beibehalten wird, und auch den Traum oder Alptraum von synthetischer Nahrung weiter träumen wird. Aber es wird die Zeit kommen, wo die Menschen gesundheitlich auf die verbliebenen Naturprodukte angewiesen sein werden. Auch auf diesem Gebiet gilt es nicht, „recht zu behalten", sondern „recht zu haben".

Dazu wird man lernen müssen, zwischen naturgegebenen Krankheiten und anthropogenen Krankheiten zu unterscheiden, wozu in diesem Buch einige Hinweise gegeben wurden. Können wir die ersteren bekämpfen, so können wir die zweiten vermeiden lernen. Man muß nur bereit sein, herrschende Dogmen zu erkennen und zu bekämpfen. Auch die „Wissenschaftsreligion" ist solch ein Dogma mit allen seinen Schattenseiten.

„GETREIDE UND MENSCH – EINE LEBENSGEMEINSCHAFT"

Eine weitgehende Sicherung nicht nur von Leben, sondern auch von Gesundheit ist nach dem Stand des heutigen Wissens nur seitens der Ernährung dadurch zu erwarten, daß man die zukünftige Grundlage der Ernährung darin sucht, einen o p t i m a l e n   G e b r a u c h   v o n   d e n   W e r t e n   d e r   G e t r e i d e zu machen.

Der Vorschlag des Verfassers, einen geringen Teil der jährlichen Ernte in Form von Frischschrotbreien zu essen, ist die Wiederaufnahme der vorbiblischen und biblischen Gebräuche, vielleicht auch der griechischen Morgenmahlzeiten. Bereits früher wurde deshalb vorgeschlagen, 5% der Ernte als Frisch- oder stabilisierte Vollkornbreie zu essen, 20% als Vollkorngebäcke, und die verbleibenden 75% den verschiedenen Formen der Mehlverarbeitung zu überlassen.

HISTORISCHE BEMERKUNGEN

Der griechische Arzt DIOKLES VON KARYSTOS empfahl als beste Gesundheitskost einen B r e i   a u s   G e r s t e n s c h r o t (l. c. Seite 41). Es ist nicht sicher, ob die Gerste roh oder geröstet gegessen wurde. Die Spartaner aßen vorzugsweise Hirse. Die römische Heeresverpflegung beruhte pro Legionär auf etwa 750 g geröstetem und geschrotetem Weizen, teils als Brei, teils als Fladenbrot gegessen. Nur in Notzeiten wurde Fleisch gegessen, aber als Mangelkost empfunden. Im Homer finden wir die Schrotung durch die Sklavinnen im Palast des Alkinoos geschildert, und im Palast des Odysseus waren 12 Mägde für die 100 Freier der Penelope tätig.

In PÖRTNERS Buch „Bevor die Römer kamen" (Seite 437) heißt es über die Ernährung der germanischen Völker:

„Auf den viehreichen Marschen wird Fleisch den Küchenfahrplan weitgehend bestimmt haben. CÄSAR nennt außerdem M i l c h   u n d   K ä s e.   G r u n d l a g e   d e r   E r n ä h r u n g   b l i e b e n   j e d o c h   K o r n b r e i   u n d   F l a d e n ,   e i n e   e i n f a c h e reizfreie Kost, die gelegentlich dadurch verbessert wurde, daß die Hausfrau das vor dem Vermahlen geröstete Getreide mit Raps und Leindotter mischte. Dazu kamen, wie schon der griechische Forschungsreisende PYTHEAS um 330 v. Chr. berichtete, Wildfrüchte und Wurzeln."

Diese Angaben von CÄSAR werden aufs beste ergänzt durch M o o r l e i c h e n f u n d e, zum Beispiel des sogenannten Tollundmannes. Bei der Sektion ergab sich: „Der Magen enthielt ein Gemisch zermörserter Getreide, Dotter und Hanf, sowie Samen zahlreicher Unkrautarten, wie Knöterich, Gänsefuß, Ackerveilchen und Hohlzahn. Daß es sich nicht um eine Henkersmahlzeit handelte, bewiesen Essensreste in Tongefäßen, die dasselbe Gemenge von Getreidekörnern und Unkrautsamen enthielten." Offenbar war die Nahrungsdecke knapp und der Mangel an Fleisch und Korn mußte mit Unkrautsamen gestreckt werden. Zwar handelte es sich um einen Einzelfall, aber dieser Tollundmann dürfte weder ein „Sektierer" noch ein „Reformer" gewesen sein, ein Vorwurf, den man heute von seiten der „fortschrittlichen" Wissenschaftler immer wieder hören muß. Die Menschen mußten so essen, weil sie sonst nicht leben konnten. Erst die Hochzuchtgetreide brachten eine Sicherung und damit den Aufstieg der Kulturen. Die Beispiele können bei anthropologischen Studien beliebig vermehrt werden. Heute leben etwa ²/₃ der Menschen von solchen Breigerichten, nicht vom „Brot", das in den zivilisierten Völkern vor allem als das denaturierte Weißbrot gegessen wird.

Bei diesen Gewohnheiten und der Mitarbeit der Ernährungswissenschaft sind aber nicht immer nur rein gesundheitliche Gesichtspunkte maßgebend. Ein erstaunliches Beispiel sei angeführt:

1932 erklärte der damalige Präsident des Reichsgesundheitsamtes, Geh.-Rat HAMEL, bei der Hauptversammlung des Deutschen Zentralkomitees Zahnpflege in den Schulen: „Tatsächlich handelt es sich um eine sehr ernste Angelegenheit, die weitreichende, n i c h t zuletzt wirtschaftliche große Bedeutung hat. Durch eine v e r h ä l t n i s m ä ß i g   g e r i n g e   S t e i g e r u n g   d e s   Z u c k e r v e r b r a u c h s würde der Landwirtschaft geholfen werden können."

Dieser Tendenz ist man seither treu geblieben, wie sich aus der Ernährungsumschau 1965, Seite 208, ergibt unter dem Titel „Der Mensch und die Wissenschaft": Dort werden die Mängel der wissenschaftlichen Ernährungslehre zugegeben und damit begründet, daß diese Ernährungswissenschaft „noch sehr jung" sei. Statt nun einen Alleinanspruch dieser „jungen" Wissenschaft vorsichtig zurückzustellen, wird erklärt, daß eine „V e r s c h w i s t e r u n g   z w i s c h e n   W i s s e n s c h a f t   u n d   I n d u s t r i e   u n e r l ä ß l i c h sei, und daß „die Wissenschaft nicht der Chef des Orchesters ist, sondern nur an der

Ernährungssymphonie beteiligt" sei. Sie spielt aber nicht die erste Geige, sondern man hat ihr oft nur Pauke und Trommel übrig gelassen.

Wurde früher die Ernährung durch die Tradition bestimmt; so trat an deren Stelle die Nahrungsmittelchemie, deren Erkenntnisse trotz ihrer Unvollkommenheit den Menschen zum Beispiel auch durch Rundfunk, Fernsehen und jegliche andere Möglichkeit der Reklame zur Kenntnis gebracht werden. LOHBECK hat die Situation folgendermaßen geschildert:

„Die Zentren der westlichen Reklamewelt befinden sich in den Straßenschluchten New Yorks, beiderseits der ‚Madison Avenue' in Manhattan. Von hier aus wird dem amerikanischen Fernsehzuschauer jedes Jahr für 56 Milliarden DM eine Scheinwelt suggeriert, die ihm das ‚Verbrauchen' zum Inhalt seines Lebens machen soll. Wenn man bedenkt, daß in der Bundesrepublik Deutschland jedes Jahr 10 Milliarden DM an Werbungskosten entstehen, die fast den jährlichen Betrag für unser Erziehungswesen erreichen, so kann man die Worte des englischen Historikers Arnold J. TOYNBEE als richtungweisend nur bekräftigen: ‚Die Zukunft unserer Kultur hängt vom Kampf gegen Madison Avenue ab.'" (L. c. Seite 123.)

LOHBECK zitiert in seinem Buch „die Worte eines Wissenschaftlers, der vor einiger Zeit in ‚logischer Folgerung' verlangte, daß es an der Zeit sei, das bereits seit Zehntausenden von Jahren unveränderte Getreidekorn einem ‚Modernisierungsprozeß' zu unterwerfen, da es wohl veraltet sei!" Leider hat LOHBECK nicht den Namen genannt. Es ist aber bekannt, daß man versucht, durch „Bestrahlung" neue Getreidearten zu züchten, obwohl fast niemals „Plusvarianten" entstehen, sondern meist Minusvarianten.

Wieviel klüger ist das Wort des PARACELSUS: „Es ist wider die Natur nicht zu streiten; darum ein jeglicher betrachten soll, daß ein Arzt allein der Natur D i e n e r ist und nicht ihr H e r r !" Dieses Wort gilt nicht nur für die Ärzte, sondern für alle jene Wissenschaftler, die mit lebenden Wesen zu tun haben. Diejenigen aber, die „nur" Physiker oder Chemiker sind, sollten beachten, daß sie niemals in der Lage sind, auch nur einfachste Lebewesen hervorzubringen, sondern immer nur tote Apparate. Das Wesen a l l e r dieser Apparate ist aber, daß sie „Prothesen" sind, die dem menschlichen Organismus die Möglichkeit gewähren können, über seine natürlichen Grenzen hinaus zu wirken. Eine genaue Kritik unserer Gegenwart ergibt, daß wir in einer Prothesen-Zivilisation leben, einer von uns künstlich geschaffenen technischen „Umwelt", aber nicht mehr in der Natur, aus der wir entstanden sind und an die unser Organismus angepaßt ist. FREUD hat schon den Menschen als „Prothesengott" bezeichnet (nach Robert JUNCK).

Es gibt für uns Grenzen, die wir nicht überschreiten dürfen, ohne Krankheiten und Vernichtung des Lebendigen herbeizuführen. In den Mesotrophieversuchen des Verfassers ist eines der wichtigsten Gebiete dem Experiment zugänglich geworden: die Erforschung der chronischen Krankheiten, und der bei deren Entstehung beteiligten „wissenschaftlich befürworteten Fehlernährung". Wenn dann ein mehrfach genannter Ernährungsphysiologe erklärt, „die Menschen würden sich der modernen, technischen Entwicklung anpassen", so ist dies sinnlos (LOHBECK, Seite 179). Vielmehr müssen wir bestrebt sein, die Technik in das lebendige Ganze einzuordnen.

Die Erforschung aller dieser Fragen ist allerdings viel komplizierter und zeitraubender als die bisherige Ernährungs- und Vitaminforschung. Deren Ergebnisse kann man in wenigen Tagen oder Wochen, bestenfalls Monaten erreichen. Die Mesotrophieforschung erfordert bis zu drei Jahren, und darüber hinaus können die Organuntersuchungen der Zähne, Knochen usw. ein weiteres Jahr in Anspruch nehmen. Und nur jene Forscher können sie betreiben, die bereit sind, viele Jahre ihres eigenen Lebens diesen wichtigen Problemen zu widmen und die sich nicht von Augenblickserfolgen zu voreiligen Schlüssen verführen lassen. Nicht durch die Massenware der Statistik kann man diese Probleme lösen, sondern nur durch unermüdliche individuelle Feinarbeit, das heißt durch eine Rückkehr zu den Methoden jener Forscher, die seit 1840 die moderne Medizin durch sorgfältigste einzelne Untersuchungen gegründet haben. Wenn diese Versuche zu der Erforschung der akuten Krankheiten geführt haben, so beginnt nunmehr die ebenso mühsame, aber zeitraubendere Erforschung der chronischen Krankheiten. Dazu muß man aber zunächst die Methoden der Statistik beiseite legen und die sorgfältigste Untersuchung jedes Individuums, auch jeder Ratte und jedes anderen Versuchstieres sich zur Aufgabe stellen. Erst dann kann man von einem Dienst am Leben reden, der wesentlichen Berufsaufgabe des Arztes. Daß die Natur als Ganzes über allen diesen Forschungen steht, darf niemals außer acht gelassen werden. Und deshalb kann man dieses Buch als „natürliche Wissenschaft von der Ernährung" bezeichnen.

SCHLUSSWORT

Nach VIRCHOW sind neue Namen und Bezeichnungen notwendig, wenn es sich bei der wissenschaftlichen Forschung um bis dahin unbekannte oder ihrem Wesen nach unerkannte Tatsachen handelt, da nur auf diesem Wege das Neue als etwas Besonderes herausgestellt werden kann. Die einfache Publikation in den Fachzeitschriften reicht nicht aus, da die Mitteilungen in der Fülle des Angebotenen untergehen. Man muß das Neue vielmehr in die bekannten Daten einreihen und ihnen den ihnen zukommenden Platz zuweisen. Der Zweck ist dabei, nicht nur das Neue bekannter zu machen, sondern zu zeigen, wie das Neue zum Ausgangspunkt weiterer Forschung werden kann.

In diesem Buch handelt es sich um einige Phasen des Ernährungsvorganges, die teilweise seit mehr als 100 Jahren bekannt sind, mit denen man aber noch nichts Rechtes anzufangen wußte, so daß die Tatsachen vergessen und wiederholt neu entdeckt werden mußten. Erst jetzt ist es möglich, sie in das große Gebiet der wissenschaftlichen Ernährungslehre so einzufügen, daß bisher bestehende Lücken als solche erkannt und in Zukunft vermieden werden können.

Das umfangreichste Gebiet ist das der M e s o t r o p h i e, durch deren Analyse ein in der pathologischen Anatomie bekannter Vorgang, der der Paraplasie, des „inneren Umbaus", in seiner Bedeutung für die Entstehung von chronischen Mangelkrankheiten experimentell in beliebiger Menge hervorgerufen werden kann. Das außerordentlich vielseitige Geschehen läßt sich auf einen V e r f a l l d e r B i n d e g e w e b e als der Abkömmlinge des M e s o d e r m s zurückführen und beruht darauf, daß man Allesfressern wie zum Beispiel Mensch und Ratte eine Mangel-Kost geben kann, die zwar langes Leben erlaubt, die jedoch mit vielen chronischen Organveränderungen verbunden ist. Diese letzteren reichen vom Gebißverfall über Störungen der großen Gefäße mit Kalkablagerungen, Lungenblähung, Nierenschrumpfung, Tumoren, zu allgemeinen unspezifischen Stoffwechselstörungen, die man als „Schwäche des Stoffwechsels" bezeichnen kann.

Die den Ratten gegebene Kost ist vom chemischen Standpunkt aus eine Prüfung der Bestandteile der alten Ernährungslehre, die nur Eiweiß, Fette und Kohlehydrate sowie Kalorien anerkannt hat. Diese Kost ist angereichert mit einer Normaldosis von Vitamin B_1 sowie Kaliumphosphat und Spuren von Zinksulfat. Sie führt bei den Ratten, die ohne letztere Zugaben bleiben, in 4–6 Wochen unter Gewichtsabfall zum Tode, mit den Zugaben aber zu einer „verlängerten Lebenserwartung", wie sie bei den zivilisierten Völkern eingetreten ist. Diese Wirkung konnte früher nicht auftreten, weil die Infektionskrankheiten und die unzureichenden Leistungen der wissenschaftlichen Medizin meist zu einem verfrühten Tode führten. Jetzt, nach Beseitigung dieser erfolgreich bekämpften Todesursachen, können sich die fehlenden Bestandteile der Nahrung weit besser auswirken.

Es ergibt sich aber, daß diese Minimalkost zwar langes Leben erhalten kann, aber mit den genannten Veränderungen der Bindegewebe einhergeht. Dieser Verfall kann aufgehoben werden, wenn man die verabreichte synthetische Diät 18a mit ausreichend Vollkornprodukten ergänzt, die allen andern naturnahen Lebensmitteln überlegen sind.

Von den üblichen Vitamindiäten unterscheidet sich die verabreichte Kost dadurch, daß als Eiweiß ein weißes, naturnahes Rohcasein benutzt wurde, das von fettlöslichen Bestandteilen durch Ätherextraktion befreit wurde. Benutzt man hingegen eine Extraktion mit Alkohol, dann tritt der Effekt der langen Lebenserhaltung nicht in diesem vollen Umfange ein, weil eine „Denaturierung" des Caseins (Eiweißes) durch Alkohol und dessen hohe Dampftemperatur (+ 74° C) dieses verhindert. Immerhin: d i e s e D e n a t u r i e r u n g k a n n e b e n f a l l s d u r c h V o l l k o r n p r o d u k t e w i e d e r b e s e i t i g t w e r d e n. Das Eiweiß wird „renaturiert".

Prüft man nun diese Diät 18a mit zwei Vitamingemischen I und II, dann v e r s a g e n d i e k l a s s i s c h e n V i t a m i n e, die in dem Gemisch I enthalten sind, v ö l l i g, auch die Zulage des sogenannten B-Komplexes führt nur zu unvollständiger Gewichtszunahme. Erst weitere Zulage von Vollgetreideschrot führt zu optimalem Wachstum. Das Vollgetreide steht also von allen Lebensmitteln an erster Stelle. Es muß in diesem Vollgetreide noch unbekannte Stoffe geben, die die Nahrung erst vollwertig machen.

Diese fehlen in der Zivilisationskost und diese letztere enthält nur solche Stoffe, die eine mehr oder weniger ausgeprägte Mesotrophie ermöglichen. Die Diät 18a ist eine solche Mangelkost.

Diese Befunde werden in ihrer Bedeutung noch verstärkt durch die Versuche des tschechischen Physiologen BERNÁŠEK, der seinen Ratten eine nach der heutigen Lehre vollständige Diät gab, die aber dadurch von der üblichen Vitaminmethodik abweicht, daß BERNÁŠEK ebenfalls mit Äther extrahiertes, weißes Casein verabreichte. Sonst enthielt die Diät alle heute als wichtig anerkannten Vitamine und Mineralien. Trotzdem kam es von der zweiten Generation an zu Mißbildungen, zu Totgeburten und in der vierten Generation zum Aussterben der Zuchten. Auch diese zerstörenden Folgen konnten durch Vollgetreidezulagen verhindert werden. Beide Versuchsreihen zusammen beweisen, daß die gegenwärtige Ernährungslehre unzureichend ist und beim einzelnen Individuum zu Alters- und Zivilisationskrankheiten führt, in den Generationen aber zum Aussterben. Auf den Menschen übertragen erstrecken sich die Wirkungen auf die Zeiten vom 15. bis 60. bis 90. Lebensjahr, können aber durch Gebißverfall bereits bei Kleinkindern bemerkbar werden. Dann kann eine Vervollständigung der Ernährung Heilung herbeiführen.

Während die Gültigkeit der Rattenversuche des Verfassers für den Menschen bestritten wird, hat KÜHNAU kürzlich das gleiche gesamte Krankheitsbild mit der Bezeichnung eines „Verfalls der Bindegewebe" beschrieben und seine „Zivilisationskost" empfohlen. Der Verfall der Bindegewebe ist nach KÜHNAU „unvermeidlich und unheilbar". Daß er das Ergebnis der Zivilisationskost ist, wird nicht erwähnt, oder auch nur diskutiert (siehe Seite 50).

Der Unterschied zwischen KÜHNAUS Lehre von der Notwendigkeit des tierischen Eiweißes und der experimentell begründeten Lehre des Verfassers von der Notwendigkeit einer Getreide-Vollkorn-Nahrung läßt sich daran erkennen, daß der „Verfall der Bindegewebe" beim Menschen, der sich nach KÜHNAU ernährt, „unvermeidlich und unheilbar" ist, während der experimentell bei Ratten hervorzurufende analoge Prozeß der Mesotrophie nicht nur verhütet, sondern in den Anfängen selbst heilbar ist (siehe NETTER, Seite 84, betr. Caries). Es bestehen also keine Gründe, einen unvermeidlichen Verfall der Gesundheit beim Menschen zu erwarten, wenn man der Lehre des Verfassers folgt, während KÜHNAUS Lehre in eine trostlose Zukunft führt.

Ausführlich werden die noch ausstehenden Versuche diskutiert, vor allem die Notwendigkeit, diese Diäten an älteren und alten und nicht nur an jungen Ratten zu untersuchen.

Ferner wird gezeigt, daß man diese Mesotrophiekost als eine Zweitkost in P a r a l l e l r e i h e n neben einer wirklich vollwertigen Kost in der Forschung verwenden muß, um sonst verborgen bleibende Ursachen von Schäden zu entdecken, wie sie bei der Mesotrophie-Diät als Ursache von Zivilisationskrankheiten offenbar geworden sind. Besonders wird dabei auf die Krebsforschung hingewiesen, doch auch die Prüfung von Arzneimitteln usw. wird ihren großen Nutzen haben, so daß zum Beispiel Katastrophen wie die Contergan-Affäre hätten vermeidbar sein können.

Für die Praxis der Ernährung wird die Folgerung gezogen, daß man sich nicht mehr wie bisher mit der unzureichenden „Wissenschaftskost" begnügen darf, sondern dahin streben muß, die Nahrung so natürlich wie möglich zu lassen, also nicht völlig unverändert, sondern die Veränderungen so gering wie möglich zu halten. Auch wird man die Bestrebungen nach synthetischer Nahrung erneuten Prüfungen zu unterziehen haben. Die gegenwärtige Tendenz, daß seitens der Wissenschaft die seit etwa 80 Jahren eingeführten Produkte „verteidigt" werden, ist bedenklich. Aber auch diese Produkte könnten durch Vollgetreidegerichte ihre Mängel verlieren. Dann gibt es eine „Renaturierung".

Es gibt noch viele neue Aufgaben zu lösen, indem man z. B. die zu prüfenden Nahrungsmittel mit radioaktiven Isotopen versetzt und dann mit Geigerzählern den Weg im Körper verfolgt. Sinngemäß kann man auch den inneren Umbau, der zum Verfall der Bindegewebe führt, auf diese Weise studieren.

Die Versuche des Verfassers gehen von den ältesten bekannt gewordenen Versuchen über Ernährungswirkungen aus, die 1880 durch LUNIN und VON BUNGE angestellt wurden und die wohl die ersten exakten Tierversuche darstellen, mit denen die alte Ernährungslehre geprüft und als unvollständig erkannt wurde. Auch sie wurden vergessen.

Als eine Hauptaufgabe wird das Studium der Eiweißchemie erkannt, die die Mitwirkung der Bestandteile des Vitamin-B-Komplexes nicht mehr entbehren kann. Eine erfolgreiche Forschung hat zur Voraussetzung, daß sie völlig unabhängig von irgendwelchen vorgefaßten Meinungen durchgeführt werden kann. Prüft man die bisher veröffentlichten Versuche, dann lassen sich viele Fehldeutungen und Streitpunkte in der Wissenschaft als unbewiesene Hypothesen erkennen. Es dürfte möglich sein, den Menschen nicht nur längeres Leben zu sichern, sondern auch ansteigende Gesundheit. Mit dem Rückgang der Krankheiten, der vermeidbaren Krankheiten, würden aber auch bessere und erfolgreichere Behandlungen der wirklich Kranken möglich werden.

ANHANG I

(Siehe Seite 44)

Betr. Auxone

In der Zeitung „Die Welt" vom 23. Juni 1967 führte der landwirtschaftliche Lehrer R. BICKEL aus Wädenswil bei Zürich aus, daß „beim Mahlprozeß mit den natürlicherweise im Getreidekorn vorhandenen Vitaminen auch weitere Wirkstoffe entfernt werden, möglicherweise solche, die überhaupt noch nicht bekannt sind. In der Tierernährung spielen neuerdings sogenannte U. G. F. (Unidentified Growth Factors = nicht identifizierte Wachstumsfaktoren) eine gewisse Rolle. Es steht auf Grund biologischer Tests fest, daß Milch, Fisch, Hefe und Mais wachstumsfördernde Faktoren enthalten, welche sich bisher chemisch nicht nachweisen ließen." Zwei US-Fabriken, Borden und Peter Hand, sollen solche Futtergemische in den Handel bringen.

In dem gleichen Aufsatz sagt BICKEL, daß es bei Tiefkühlprodukten zu Vitaminverlusten komme; Vitamin C werde in Eis schneller abgebaut als in Wasser.

Es ist zuzugeben, daß der Mensch sich geistig vom Tierreich unterscheidet. Physiologisch-chemisch bleibt er aber doch stets an diese uralten entwicklungsgeschichtlichen Stoffwechselprozesse gebunden.

ANHANG II

(Siehe Seite 44, Fußnote)

Sowohl der Begriff der pflanzlichen Wuchsstoffe (Auxine) nach KÖGL wie der der tierischen Wuchsstoffe (Auxone), den der Verfasser 1942 aufgestellt hatte, sind seitens der Experten bezweifelt und bekämpft worden, weil sie zwar biotisch, aber chemisch noch nicht definiert waren. Dabei handelt es sich um ein Grundproblem des Lebendigen: wenn man keine unbestimmbare Lebenskraft annehmen will, dann muß es sich um definierbare Substanzen handeln. Bezüglich der Auxine scheint es nunmehr zu einer Klärung gekommen zu sein. In der Naturwissenschaftlichen Rundschau 1967, S. 344, hat H. L. LINSKENS/Nijmwegen eine kurze Mitteilung mit dem sonderbaren Titel „Auxin – in memoriam..." veröffentlicht. In diesem Artikel geht er kurz auf die Geschichte der Auxine, der ähnlichen Stoffe Auxin-A., Auxin-B und Auxin-A-Lakton ein, deren Eigenschaften und Formeln „von anderen Forschern n i c h t gefunden werden konnten, so daß schon bald Zweifel an der Richtigkeit der experimentellen Daten aufkamen." Prof KÖGL, der vor einigen Jahren (man ist geneigt zu sagen: an Gram über diese wissenschaftliche „Ente") verstorben ist, hat immer wieder versucht, die früher isolierten Stoffe wieder zu finden. Das Ausgangsmaterial war in den 30er Jahren Urin von schwangeren Frauen gewesen, in dem Pflanzenhormone in viel höheren Konzentrationen gefunden wurden, als in den Pflanzen selbst."

„Eine Nachuntersuchung konnte jetzt im Organisch-chemischen Institut der Universität Utrecht durchgeführt werden, weil man kleine Proben der authentischen Produkte wieder aufgefunden hatte. Unter Einsatz moderner Methoden (Massenspektroskopie, Röntgenspektroskopie) konnte jetzt gezeigt werden, daß die als Auxin-A bezeichnete Probe identisch ist mit Cholsäure, Auxin-B identisch ist mit Thiosemicarbazid, Auxin-A-Lakton (damals auch als Lumi a u x o n (s. Verfasser!) bezeichnet, ein Hydrochinon darstellt. Auxin-Glutarsäure erwies sich als Phtalsäure, der 3,5-Dinitrobenzoylester des Auxin-B als Äthyl-α-Cyanophenylpyruvat."

Sodann fährt LINSKENS fort: „Damit ist bewiesen, daß Auxin-A und Auxin-B nicht existieren." Er hofft, daß der Begriff nunmehr aus den Lehrbüchern verschwinden würde und ihm entgeht, daß der Begriff durchaus bestehen bleibt, weil die Versuche selbst das Wesentliche sind, und die chemische Diagnose sekundär wichtig ist, vom methodischen Fortschritt abhängt, wie in diesem Falle. Auf die Tatsache kommt es an, daß es „wachstumsbedingende", bzw. -fördernde Wuchsstoffe gibt, und daß diese sich auch im Schwangeren-Urin finden, also beim Menschen. Statt nun „das Kind mit dem Bade auszuschütten", wie LINSKENS es „hämisch" tut, sollte man die besondere Wirkungsart aufklären. Da Hydrochinon durch Reduktion aus Chinon entsteht, und als photographischer Entwickler gebraucht wird, handelt es sich möglicherweise um ein bisher unbeachtetes Redox-System (s. S. 62 f.), das die Aufbau-Prozesse in Gang bringt. KÖGLS Verdienst wird durch die nunmehr mögliche chemische Analyse, die ihm nicht möglich war, keineswegs geschmälert, sondern tritt in seiner Bedeutung hervor. Es könnte sein, daß es mit dem „Auxon"-Begriff sich ebenso oder so ähnlich verhalten wird, da derselbe Stoff sowohl bei Pflanzen wie beim Menschen nachweisbar ist.

ANHANG III
(Siehe Seite 51)

Bezüglich der physiologischen Wirkung des Getreideschrotes ist folgende Mitteilung wesentlich, die in der Selecta 1967, Nr. 22, S. 1614 rechts unten steht: Es wird hier über die „Fettverteilung" bei Ratten berichtet. Rachelle SCHEMMEL hat Versuche mit verschiedenen Diäten gemacht; sie verfütterte den Ratten:

1. **Körnerfutter in unbegrenzter Menge** (normales Futter für Labor-Ratten; sie fressen davon, **soviel sie wollen, ohne fett zu werden**);

2. synthetische Nahrung, die dem Körnerfutter qualitativ und kalorisch gleichwertig war und ebenfalls unbeschränkt verabreicht wurde;

3. fettreiches Futter, von dem die Ratten fressen durften, soviel sie wollten, aber nur dienstags und freitags;

4. fettreiche Nahrung, die jeden Tag, aber nur in begrenzter Menge, verfüttert wurde.

Am schnellsten verloren jene Ratten an Gewicht, denen man die fettreiche Nahrung – quantitativ oder zeitlich limitiert – verfüttert hatte.

Die mit dem synthetischen Futter gehaltenen Tiere büßten zwar auch den größeren Teil ihres Speckes ein, blieben aber über 18%/o über dem Gewicht der anderen Ratten. Warum dies – trotz gleicher Kalorienmenge – so war, blieb rätselhaft. R. SCHEMMEL weicht der Entscheidung aus, daß die ganzen Körner doch vielleicht noch etwas Unbekanntes enthalten könnten mit dem bekannten Einwand: „Tierversuche sind außerdem nur mit Vorbehalt auf den Menschen zu übertragen." Das ist aber zu bequem, als daß man sich mit einer solchen, bei jeder unbequemen Tatsache anwendbaren „Begründung" begnügen dürfte.

Wesentlich scheint der Befund der ersten Diät, daß Körnerfutter nicht zu Fettansatz führt! Darauf kommt es ja an, um die Folgen der Mesotrophie zu vermeiden.

LITERATUR

BERG, R.: Siehe KÜGELGEN und BERG.
BERNÁŠEK, J.: Vitamine mit Funktionen in Wachstums- und Entwicklungsprozessen. Zeitschrift für Ernährungswissenschaft, Band 63, 1964.
BERNÁŠEK, J.: Störungen der Entwicklung des Nervensystems und der Myelinisation durch Mangel noch nicht entdeckter Vitamine. Internat. Congr. of neurology, Wien, 5. 10. 1965. Proc. Tom. IV.
BIRCHER-BENNER, M.: Ernährungskrankheiten, Wendepunkt-Verlag, Zürich u. Leipzig, 5. Aufl. 1943.
VON BUNGE: Siehe LUNIN.
CHICK und ROSCOE: Bioch. journ. 1927, Band 21, Seite 698 / 1928, Band 22, Seite 790.
DONDERS, F. C.: Untersuchungen über den Übergang fester Moleküle in das Gefäß-System. Z. f. Rationale Medizin, neue Folge. 1. Band, Heidelberg 1851.
EBERHARD, F.: Versuch über den Übergang fester Stoffe von Darm und Haut aus in die Säftemasse des Körpers. Med. Diss. Zürich 1847.
EIJKMAN: Zitiert nach WINKELMANN, siehe dort.
ERASMUS VON ROTTERDAM: Siehe MASON.
EULER, H.: Siehe Literatur-Verzeichnis KOLLATH, Vollwert, Band I.
FORSTER: Nach schriftl. Notiz.
FRAZER, A.: Normale und gestörte Fettresorption. Medizinische, 1953, Nummer 41, Seite 1317–1321.
FREUCHEN: Das Buch der sieben Meere. Knaur, 1964.
FRIEDMANN und BYERS, S. G.: Experimental production of inter-arterial and intravenous thrombi in the rabbit and rat. J. amer. Physiol. 199, 770, 1960.
FRIEDMANN und BYERS, S. G.: Experimental thrombo-arteriosclerosis. J. clin. 40, 1139, 1961.
FRIEDMANN und BYERS, S. G.: Effects of saturated and unsaturated fat feeding on experimental thrombosclerosis. J. amer. Physiol. 203, 626, 62.
FUNK, K.: Die Vitamine, 2. Auflage, 1911.
GIGON, A.: Gedanken zur Ernährung des Menschen. Normalkost und Stoffwechselproblem. Schwabe u. Co., Basel–Stuttgart 1964.
GORGIAS: Dialog von PLATO (Diederichs-Verlag).
GRIJNS: Siehe WINKELMANN.
HARE: Siehe KOLLATH, Arbeitsverzeichnis, Nummer 97 (siehe WARNING-Verzeichnis).
HAUBOLD: Nachweis von Milchpartikelchen im Protoplasma lebender Zellkulturen. Milchwissenschaft 20, 181, 1965.
HAUBOLD und Mitarbeiter: Lymphsystem und corpuskuläre Resorption von natürlichen Milchfetten. Milchwissenschaft, 21, H. 4. 1966, 204–210.
HAUBOLD: Dünndarmstruktur und Milchfettresorption. Daselbst, Jahrgang 21, 1966, Nummer 1, Seite 21–28.
HELLMANN, H.: Eiweiß. Verlag Curt E. Schwab, Stuttgart 1952.
HERBST, E. F. G.: Das Lymphgefäß-System und seine Verrichtungen. Göttingen, 1844. 333–337.
HINDHEDE, M.: Gesundheit durch richtige und einfache Ernährung. Joh. Ambr. Barth, Leipzig, 1935.
HIRSCH, R.: Z. f. exp. Path. Ther. 1906, 390–392.
HOLST und FRÖLICH: Journ. of hyg. 1907, 633.
HOLST und FRÖLICH: Ebenda 1927, Band 26, Seite 437.
HOLTMEIER, H. J.: Zur Änderung der Ernährungsgewohnheiten in Deutschland. Aus der Med.-Univ.-Klinik, Freiburg/Br., Ernährungsphysiologische Abteilung.
HUIZINGA: Herbst des Mittelalters. Kröner-Verlag Stuttgart, 1961.
JAKOB, H. E.: 6000 Jahre Brot. Rowohlt Verlag Hamburg, 1954.
JOHN: Siehe VOLKHEIMER und JOHN.
JUNG, H.: Zellatmung, Verunstaltung der Nahrung und Krebs. Medizinal-polit. Verlag, Hilchenbach/Westf.*)
KATASE: Der Einfluß der Ernährung auf die Konstitution des Organismus. Urban und Schwarzenberg Berlin, Wien, 1931.
KOCH, W.: Karl F. Haug Verlag, Ulm/Donau 1966.
KOLLATH, W.: Über den Skorbut der Ratten. Arch. f. Exp. Path. u. Pharm. 150, 1930, 236.
KOLLATH, W.: Veränderungen des Knochenwachstums bei Fehlen wasserlöslicher Vitamine (Rattenskorbut). Verhandl. d. Ges. f. Verdauungs- und Stoffwechselkrankheiten. X. Tagung, Budapest 1930, Thieme, Leipzig.
KOLLATH, W.: Das Wachstumsproblem und die Frage des Zellersatzes in der Vitaminforschung.
KOLLATH, W.: 1. Mitt. Arch. f. Exp. Path. und Pharm. 167, 1932, 469.

---

*) In der Schrift von H. JUNG sind seine Veröffentlichungen seit 1926 angegeben, ebenso sein Lebenslauf.

Kollath, W.: 2. Mitt. Vom normalen Wachstumsvorgang. Daselbst Seite 478.
Kollath, W.: 3. Mitt. Von den histologischen Unterschieden des Skorbuts und der Möller-Barlowschen Krankheit. Daselbst Seite 507.
Kollath, W.: 4. Mitt. Die aplastisch-konsumptiven Mangelkrankheiten. Daselbst Seite 521.
Kollath, W.: 5. Mitt. Die Bedeutung hochungesättigter Fettsäuren usw. bei Skorbut. Daselbst Seite 538.
Kollath, W.: 6. Mitt. Studien zur Ätiologie der Rattenpellagra. Daselbst Seite 168, 1932, 424.
Kollath, W.: 8. Mitt. Über die unspezifischen Grundlagen der Rachitis und der rachitisähnlichen Krankheiten. K n o c h e n. Daselbst Seite 170, 1933, 635.
Kollath, W.: 9. Mitt. Dasselbe Thema: K n o r p e l. Daselbst Seite 666.
Kollath, W. und Giesecke: 10. Mitt. Moeller-Barlowsche Krankheit und Skorbut. Daselbst Seite 189, 1938, 188.
Kollath, W.: 11. Mitt. Lange Lebensdauer trotz Vitamin- und Mineralmangel, und das Problem der Altersveränderungen. Daselbst Seite 189, 1938, 515.
Kollath, W. und Euler, H.: 12. Mitt. Vitamin B_1, verfrühtes Altern und Zähne. Daselbst, Seite 189, 1938, 530.
Kollath, W.: 13. Mitt. Stoffwechseluntersuchungen bei einseitiger Vitamin-B_1-Zufuhr. Daselbst, Seite 192, 1939, 26.
Kollath, W. und Thierfelder: 14. Mitt. Über „Mesotrophie" und verfrühtes Altern als Mangelkrankheit. Fehlen von Wuchsstoffen. Daselbst Seite 197, 1941, 550.
Kollath, W.: Bedeutung der Wuchsstoffe in Mehl und Brot. Daselbst, Seite 198, 1941, 195.
Kollath, W. u. Mitarbeiter: 16. Mitt. Rachitis, Prärachitis und ihre Ursachen. Daselbst, Seite 199, 1942, 113.
Kollath, W. und Giesecke: 17. Mitt. Antikörperbildung bei Vitamin- und Wuchsstoffmangel. Daselbst, Seite 199, 1942, 312.
Kollath, W. und Euler, H.: 18. Mitt. Vergleichende Untersuchungen am Skelett und am Gebiß bei Rattenrachitis. Daselbst, Seite 200, H. 3/4, 1942.
Kollath, W.: Die mechanische Verfeinerung der Nahrung als Ursache des Verlustes an tierischen Wuchsstoffen. Z. f. Vitaminforschung, 15. 308, 1945 (W.V. 147). (W.V. = Warning-Verzeichnis.)
Kollath, W.: Die Rattentuberkulose bei vollwertiger Kost und bei Mesotrophie. Tagung der Tbc-Ärzte, Schwerin 29. 3. 1946.
Kollath, W. und Mitarbeiter: Der Verlauf der Rattentuberkulose bei normaler und mesotropher Ernährung. Z. f. d. ges. Inn. Med. I, Seite 1, 1946.
Kollath, W.: Begriff und Bedeutung der tierischen Wuchsstoffe, Auxone, für normale und krankhafte Vorgänge. Die Pharmazie, 1, 354, H. 8, 1947.
Kollath, W.: Der Vollwert der Nahrung und seine Bedeutung für die Klinik. Z. f. d. ges. Inn. Med. 2, 31, 1947.
Kollath, W.: Die Bedeutung der Zähne und des Zahnhalteapparats für die Systematisierung der Mangelkrankheiten. Festschrift für H. Euler. D. Z. f. Zahnheilkunde. 3, 373, 1948.
Kollath, W.: Die Bedeutung des Vollwerts der Nahrung für die Hygiene. Z. Zbl. f. Bakt. Orig. 153, 42, 1949.
Kollath, W.: Über die Mesotrophie, ihre Ursachen und praktische Bedeutung. Schriftenreihe der Ganzheitsmedizin, Band 3. Hippokrates-Verlag.
Kollath, W.: Der Vollwert der Nahrung und seine Bedeutung für Wachstum und Zellersatz. Monographie. Band I. 950. Wissenschaftliche Verlagsgesellschaft Stuttgart.
Kollath, W.: Derselbe Titel. Band II. Daselbst 1960.
Kollath, W.: Die Mesotrophie als physiologisches und klinisches Problem. Hippokrates-Verlag, 1952, H. 11, 292.
Kollath, W.: Die Ordnung unserer Nahrung. 5. Auflage, 1960, Hippokrates-Verlag Stuttgart.
Kollath, W.: Über Selbstversuche von Masanori Kuratsune mit roher Gemüsekost bei ungenügender Kalorienzufuhr. Hippokrates-Verlag, 1953, H. 4, Seite 99.
Kollath, W. und Mitarbeiter: Von Nahrungswirkungen vor der Resorption durch den Darm. Ein Beitrag zu der Frage: Roh oder gekocht? Klin. Woch. 18, 557, 1939.
Kollath, W.: Von den unspezifischen Grundursachen unserer Zivilisationskrankheiten. Die Heilkunst, H. 3, 1953.
Kollath, W.: Ernährung und Zahnsystem. D. Zahnärztl. Zeitschr. 1953, H. 11, 7.
Kollath, W.: Die Mesotrophie als Mangelzustand in ihrer klinischen und therapeutischen Bedeutung. Die Therapiewoche, 309, 1954.
Kölwel-Kirstein, Bayerle und Katzenberger: Experimentelle Beiträge zur Mesotrophielehre Kollaths. Ärztliche Forschung, H. 5, 1956, 51–54.
Kollath, W.: Nachwort zur vorstehenden Arbeit über den Mesotrophiekomplex. Daselbst, H. 5, II, 51/4, 1956.
Kollath, W.: Über neue Versuche zur Mesotrophie und die Entstehung chronischer Mangelkrankheiten. Vitalstoffe, H. 2, 1956.

KOLLATH, W.: Gilt der Mesotrophiekomplex auch für den Menschen. Antwort an Prof. KÜHNAU. Hippokrates-Verlag, Nummer 2, 1959.
KOLLATH, W.: Mesotrophie im Experimente. Hippokrates-Verlag, Nummer 7, 1959.
KOLLATH, W.: Der Gebißverfall als Indikator für bestehende Fehlernährung. Die Therapiewoche 11, 84, 1959.
KOLLATH, W.: Noch einmal: Gibt es eine Mesotrophie beim Menschen? Entgegnung zu der Arbeit von KÜHNAU. Hippokrates-Verlag, H. 13, 1960.
KOLLATH, W.: Mensch und Getreide – eine Lebensgemeinschaft. E. Schwabe, Bad Homburg v. d. H. 1962.
KOLLATH, W.: Siehe WARNING, H., KOLLATH, W., Wissenschaftliche Arbeiten, abgekürzt W.V. = Warning-Verzeichnis.
KOLLATH, W.: Lehrbuch der Hygiene, Band II. Verlag Hirzel, Stuttgart, 1949.
KOLLATH, W.: Die Kariesforschung, ein 50jähriger Irrweg? Diaita, 10, Nummer 4, August 1964.
KOUSCHAKOFF: Nouvelles lois de l'alimentations humaine basées sur la leucocytoses digestive. Mémoires de la Société Vaudoise des sciences naturelles. 1937, Vol. 5, Nummer 8, Seite 21.
KOUSCHAKOFF: Siehe KOLLATH, W.V., Nummer 97.
KROPOTKIN, P.: Das Gesetz der gegenseitigen Hilfe. Th. Thomas, Leipzig 1923.
KUNERT, A.: Unsere heutige falsche Ernährung. Selbstverlag, Breslau, um 1911–1913.
KURATSUNE: Siehe KOLLATH, W.V., Nummer 213.
KÜHNAU, J.: Gibt es eine Mesotrophie beim Menschen? Hippokrates-Verlag, 1960, H. 7.
KÜHNAU, J.: Gegenwartsfragen der Ernährung. Die Mediz. Welt, 1965, Nummer 25.
KÜHNAU, J.: Richtige Ernährung im Alter, 3. Auflage, Thienemanns Verlag Stuttgart, 1967.
LANDOIS-ROSEMANN: Lehrbuch der Physiologie des Menschen. Urban und Schwarzenberg, Berlin/Wien, 1923.
VON LIEBIG, J.: Chemische Briefe. Winter, Heidelberg, 1844.
LOEB, Jacques: Die Eiweißkörper. Springer, Berlin, 1924.
LOHBECK, R.: Selbstvernichtung durch Zivilisation. Marienburg-Verlag, Würzburg, 1967.
LUNIN (und VON BUNGE): Über die Bedeutung der anorganischen Salze für die Ernährung des Tieres. Z. f. physiol. Chemie, 1881, Band 5, 31–39.
McCOLLUM und SIMMONDS: Neue Ernährungslehre. Urban und Schwarzenberg, Berlin/Wien, 1928.
MASON, S. F.: Geschichte der Naturwissenschaft. Kröner, Stuttgart, 1961.
MAXWELL: Siehe MASON.
METZNER: Weltproblem Gesundheit. Imhausen Internat. Comp. Lahr. 1961.
MARFELS und MOLESCHOTT: Der Übergang kleiner fester Teilchen aus dem Darmkanal in den Milchsaft und das Blut. Wien. Med. Woch. 1854, 817.
NETTER, H.: Vorbeugende Gesundheitspflege durch vollwertige Ernährung. Zahnärztl. Mitt. 1956, Nummer 17.
NEUMANN-PELSHENKE: Brotgetreide und Brot. Paul Parey, Berlin, 1954.
NOLD: Warum wachsen uns unsere Kinder über den Kopf? Z. f. Präventivmedizin, 1958, 35.
NOLD: Ist die Wachstumssteigerung beim Menschen aufzuhalten? Kosmos, 6, 1958, 240.
OESTERLEN, F.: Über den Eintritt von Kohle und anderen unlöslichen Stoffen vom Darmkanal in die Blutmasse. Z. Rationelle Medizin, Band 5, Heidelberg, 1846.
PLATO: Gorgias. Diederichs, Jena, 1920.
PÖRTNER, R.: Bevor die Römer kamen. Knaur, München, 1964.
POTTENGER und SIMONSSEN: Heat labile factors necessary for the proper growth, and developement of cats. The Journ. of laborat. and clinical Medicine St. Louis. 25. Nummer 6, 238–240, 1939.
POTTENGER und SIMONSSEN: The influence of heat labile factors on nutrition in oral developement and health. 42. Annual convention, southern Calif. State Dental Association.
POTTENGER und SIMONSSEN: The effect of heat-processed foods and metaboliced Vitamin D Milk on the dento-facial structures of experimental animals.Amer. Journ. of orthodontics and oral surgery. St. Louis, Vol. 32, No. 8. Oral Surgery, Seite 467–485, Auflage 1946.
PROELL, F.: Ziele und Wege der modernen Zahnheilkunde. Festschrift. Berlin, 1926, Verlag Meußner.
ROTHSCHUH: Die Theorie des Organismus (nach schriftl. Notiz).
RUBNER: Siehe LANDOIS-ROSEMANN.
SARTON, G.: Siehe MASON.
SCHILLING, V.: Das Blutbild. 11. und 12. Auflage, Fischer, Jena, 1943.
SCHULZ: Siehe VOLKHEIMER.
SCHUPHAN: (Nach schriftl. Notiz).
SCHWARZ, K.: Wirtschaft und Statistik. Zeitschr. des Statistischen Bundesamts. Sterbetafel.
SELYE: (Nach schriftl. Notiz).
SOMOGGYI: Ernährungs-Umschau (nach schriftl. Notiz).
STEPP-GYÖRGYI: Avitaminosen. Springer, Berlin, 1927.

Verzár: Aufsaugung und Ausscheidung von Stärkekörnern. Bioch. Zeitschr. 34, 86, 1911.
Verzár: Resorption corpuskulärer Elemente. Hdb. d. norm. u. path. Physiologie IV, 80. Springer, Berlin, 1929.
Virchow: Die Zellularpathologie. Auf. Hirschwald, Berlin, 1858.
Volkheimer: Gefäßwandalteration durch tactile Reize. Angiologica, Vol. 3, Nummer 2, 1966.
Volkheimer: Das Phänomen der Persorption. (Qualitative Untersuchungen zur „Resorption" fester Nahrungspartikel.) Vortrag auf dem 7. Internationalen Ernährungskongreß in Hamburg 1966 (Manuskript).
Volkheimer: Über parazelluläre chylöse Resorptionsmechanismen. Z. f. d. ges. Inn. Med. 1963. H. 19/20.
Warning, H.: Kollath, W., Wissenschaftliche Arbeiten. E. Schwabe u. Co., Bad Homburg v. d. H., 1963.
Widenbauer und Huhn: Acta vitaminologiae, Vol. I, Fa. 4, 1938, Wilna.
Winkelmann, F.: Die Vitamine. 2. Auflage, Apollonia-Verlag, Basel, 1951.

AUTORENVERZEICHNIS

Adamkiewicz	68
Bayerle	34
Bancroft	58
Bansi	87
Berg, Ragnar	47
v. Bertalanffy	63, 88
Bernášek	13, 16, 43, 46, 47, 48, 66, 78, 84, 91 96
Bickel	99
Bircher-Benner	53
Breusch	70
Brücke	23
Brunius	39, 44
v. Bunge, G.	26, 27, 29, 30, 32, 35, 42, 50
Burdach	35
Cäsar	92
Chick	30, 32, 44
Clark, Mansfield	57, 58, 64
Cremer	68
Dickhuis	88
Diokles v. Karystos	32
Donders	23
Eberhard	22, 24
Eijkman	28
Erasmus v. Rotterdam	11
Eschler	34
Euler, Hermann	34, 38
Falk, C. P.	26
Flügge	73
Frazer	24
Freuchen	78
Freud, Sigmund	93
Fricker	67
Fridericia	78
Frölich	28
Forster	26
Galen	41
Gigon	70, 71, 72, 89
Gillnäs	40
Gorgias (nach Plato)	11
Gorup-Besanetz	27
Grashuis	88
Grijns	28
Hamel	92
Hare, Miss	49
Haubold	13, 23, 24, 25
Hellmann	68, 69
Herbst	22
Hindhede	69
Hippokrates	47, 52
Hirsch, Rachel	23
Hochstetter	67
van t'Hoff	58
Hofmann, Franz	26
Holst	28
Holtmeier	54
Hueck	34
Huhn	32
Huizinga	11
Jockl	87
Jordan	77
Jung, Heinrich	62
Katase	53
Katzenberger	34
Keil	47, 48
Koch, W. F.	62, 63, 65
Kögl	45, 99, 100
Kölwel-Kirstein	34
Kollath, W.	20, 39, 48, 51, 53, 54, 63, 64, 73
Koraea	70
Kropotkin, Peter	8
Kühnau, J.	10, 50, 51, 87, 89, 96
Kuratsune	69
Landois-Rosemann	19, 21, 72
Liebig, J. v.	10, 11, 14, 23, 26, 35, 46, 56, 73
Linskens, H. L.	99, 100
Loeb, Jaques	68
Lohbeck, Rolf	21, 68, 84, 93
Lunin, N.	26, 27, 29, 30, 32, 35, 42, 50
McCollum	29, 32
Magnus-Levy	72
Marfels	23
Mason	9, 11
Maxwell	9, 10
Mendel	28
Metzner	87
Moleschott	23
Müller, J.	21
Nelson	47, 48
Nernst	58
Netter, Hans	38, 54, 96
Neumann-Pelshenke	90
Nold	89
Obara, Tetsujiro	28
Oesterlen	22
Osborne	28
Paracelsus	93
Pettenkofer	73
Pfeiffer, Richard	61
Platon	11
Pohl	29
Pörtner	92
Pottenger	50, 66, 67, 68
Pytheas	92
Roescoe	30, 32, 44
Roller	80
Rothschuh	17, 30
Rubner	72, 73
Salge	41
Sarton, George	11
Schemmel, Rachelle	100
Schick	89
Schmorl	32
Schuphan	69, 70, 91
Schwarz, K.	70, 71, 85
Selye	45, 51, 53, 88
Seume, J. G.	90

Sherman-Pappenheimer	29	Verzár	22, 23
Simonssen	50, 66, 67	Viollier	20
Sokrates	11	Virchow	35, 51, 95
Somogyi	67	Voit	73
Srenivasaan	69	Volkheimer	24
Stepp	28	Wagner, Friedr.	68
Stoeltzner	41	Warburg, Otto	62
Sulzberger	80	Warning, H.	63
Szechenyi, Graf v.	80	Weitzel	91
Takiki	28	Widenbauer	32
Täufel	69	Wieland	57
Thorwald, J.	83	Wildiers	28
Thunberg	63	Windaus	29
Toynbee, J.	93	Wöhler	10

SACHVERZEICHNIS

Abbau-Vitamine 54
Ackerpflanzen, ihre Qualität 91
Aerobiose 62
Äther, als schonendes Extraktionsmittel für Vitaminforschung 32
—, statt Alkohol zur Reinigung von Casein 78, 95
Alterskrankheiten 13, 30, 32, 41, 96
—, physiologische, im Sinne HUFELANDs: allgemeines Erlöschen der Funktionen, verbunden mit Atrophien 50
—, pathologische, gekennzeichnet durch Verfall der Bindegewebe im Sinne der Mesotrophie (Kollath). Sie entstehen „unaufhaltsam und unwiderruflich" (Kühnau) bei reichlich tierischem Eiweiß, weißem Zucker und Weißmehl, verbunden mit Mangel an Vitamin-B-Komplex (Vollkornprodukten!) s. Mesotrophie 51
Zu verhüten durch ausreichend Vollkornprodukte, in den Anfängen auch heilbar 51
—, meist Mischzustände
Akzeleration 84
— und Rückgang geistiger Interessen 89
— als Gleichgewichtsstörung des Stoffwechsels 89
— als psychiatrisches Objekt 89
— als sich steigernde Seuche 89
— als Stoffwechselproblem 88
Algenfabriken 90
Alkohol-Dämpfe denaturieren Casein 32
Allergie 16, 63
Anaerobiose 62
Anatomie, pathologische neben Chemie 32
Apparate, mechanische, sind Prothesen 93
Appetit 17
Arbeitsunfähigkeit, vorzeitige 54
Arcus senilis 53
Arten, Erhaltung der 8
Arteriosklerose 53, 63
Arzneimittelschäden 15
Arzt, Diener der Natur 93
Aschenbestandteile der Nahrung 15, 26
Ataxien 36
Atrophien 16, 75
Atmung, ist keine Verbrennung 56
— als Summe von Teiloxydationen 56
Aufbau-Vitamine (s. Auxone) 54
Aufnahme der Nahrung 24
— — —, intravenös 24
— — —, peroral 24
„Außenseiter" 10
„Auxine" (KÖGL) 45, 99
—, Wuchsstoffe für Pflanzen, reich im Urin schwangerer Frauen. Chemisch identifiziert s. Anhang II 99
„Auxone" (KOLLATH), Wuchsstoffe für Tier und Mensch, zugehörend zum Vitamin B-Komplex 7, 54, 70
—, ihre unspezifische Schutzwirkung 45

Baz. Coli 59
Baz. influenzae 61
Bekleidung des Menschen 73
Beriberi 29, 32, 51, 75, 78
Bevölkerung, japanische, ihre Ernährung 28
Bewegung, körperliche 17
Bezeichnungen, irreführende in der Physik (Elektrizität) 56
Bindegewebe, Verfall bei Mesotrophie (s. Alterskrankheiten) 14, 39, 95
Biochemie, und der Qualitätsbegriff 64
Biologie, Begriff der 34
Bios-Begriff 28
Biotik, Begriff der 9, 17
biotisches Denken, gleichwertig neben physikalischem und chemischem Denken 16
Biotin 44
Blutzuckerkurve bei Frühstück 20
Brenztraubensäure 55
Bronchiektasen 63
Bronchitis 16

Casein, „natives" Eiweiß 32, 48
—, gelbliches, durch Alkoholdämpfe denaturiert 23, 32, 29, 95
— —, als allgemeiner Fehler in der Vitaminforschung 29, 32, 95
—, weißes, „süßes" (Bernášek) 48
Caries, endogen bedingt (Mesotrophie) 51, 41
—, exogen verschlimmernd 51
— als Warnungszeichen 39
—, Heilung bei Vollkornnahrung 54
—, Zucker als zusätzliche Ursache 51
Chemie 8, 15
Chinone, zu hohe Dosierung 65
—, durch Reduktion entsteht Hydrochinon 100
—, Verbindung zu Redox-Potentialen (s. dort) 56
Chylus-Gefäße 21
Computer 11
Contergan-Katastrophe 52
Coronarverschluß 63

Darm-Flora 78, 90
— —, durch Antibiotica geschädigt 90
— -Zotten und Lymphsystem 22, 23
— — als Aufsaugapparate 22
— — als Filter 23
Dauerwirkung von Nahrungsbestandteilen 47
— — und Degeneration, Bernášek 47
Defizit-Diät 71
Degeneration 16

Demenz, senile	63	Erkrankungen der Bindegewebe, bei Mesotrophie, reichl. tier. Eiweiß, Zucker und Weißmehl ohne Vollkornprodukte	51
Demineralisation bei Zähnen und Knochen	41		
Dextrine	19		
Diabetes	16	— —: Gelenke, Sehnen, Bänder, Skelett, Blutgefäße, Haut, Rheumatismen, Arteriosklerose (nach Kühnau)	51
Diastase	19		
Diäten, synthetische	28		
—, — erste 1880	6, 42		
—, — sind Forschungsmittel, kein Mensch ißt sie	52	Ernährung, abundante	72
		— —, Kalorien nicht mehr verwendbar	72
—, —, fast alle mit denaturiertem Casein hergestellt, s. dort	68	—, Deutsche Ges. für	69
		— — —, ihre Widersprüche	69
—, —, Diät X	32	—, fehlerhafte	74
—, — 18 (alte)	33	—, — und Krankheit	69
—, — 18 a (neue)	34	—, — Gewöhnung	52
—, — — und 18 a, ihre Vervollständigung	43	— der germanischen Völker	92
		— und Generationen	47
— — — und Mesotrophie	54	— und Krankheit	52
—, —, ähnlich der Diät von Lunin, s. dort	35	— und Klima	73
		— im Krankenhaus	53, 54
Diphenochinon als Redox-Heilmittel (s. Redox-Potentiale und „Überlebensfaktor")	63	—, ein Lebensvorgang	35
		— der Neugeborenen	24
		—, ihre Quantität und Qualität	64
Diskussion, ihr wissenschaftlicher Wert	10	—, Wachstum der Röhrenknochen	88
Doppelreihen und Tierversuche, normal und mesotrophisch	52	—, wirklich vollwertige	83
		— und wirtschaftliche Einwirkungen	92
		— und Zeitfaktor	75
		— und Zukunft	89
		Ernährungsforschung, pathogenetische	29
Echinochrom A	65	—, physiologische	29
„Eiserne Ration"	39	— lehre, alte	91
Entzündung	16	— —, ihre Unvollkommenheit	27, 34
Elektrizität, negative und positive	59	— —, ihre erste Prüfung durch Tierversuche s. Lunin	26
Elektronen-Theorie und Redoxprozesse	58, 63		
		— —, ihre Nachteile	30, 91
Embolie, temporäre	23	— —, ihre Vorteile	30, 91
Eiweiß	15	— — —, „amtliche"	45
—, denaturiertes (gelbliches Casein!)	7	— — —, gegenwärtige unzureichend	96
		— — und Mesotrophie	34
—, „natives" (natürliches)	72	— — und Tierversuche	34
—, Qualität	13	— — und tierisches Eiweiß	27, 34
—, pflanzliches, ist vollwertig nach Schuphan	69	— —, wissenschaftliche	15
		Ernährungsversuche am Menschen (Gigon)	70
—, tierisches	69, 77		
—, — wird überschätzt	31	— —, beste durch Kuratsune	69
—, — im Pansen bei Wiederkäuern von Einzellern gebildet	69	—, Vorgang als Ganzes	16
—, „vollwertiges" ohne den B-Komplex führt zu Krankheit (s. Mesotrophie 7, 36 usw.)		„Fanatiker"	14
		Faktoren, unbekannte der Nahrung	48, 80
		Fehler, wissenschaftlich „begründete"	80
— -Nahrung, Gleichgewicht ist kein Beweis für gesunde Kost (Gigon)	71	Fermente, deren Leistungen	17
		Fette	15
— —, Mangel und Hunger	77	Fettsäuren, ungesättigte	78
— —, bei Überernährung	71	Fibrogenesen	63
— —, Versorgung der Entwicklungsländer mit denaturiertem Eiweiß	68	Fieber	16
		Fleisch, rohes	66
— —, fehlerhafte, vermeidbar durch Vollkornprodukte (s. Mesotrophie)		—, gekochtes und Gebißveränderungen	66
		— -Fett-Kost und gekeimte Gerste	39
		—, reichlich, steigert nicht geistige Leistungen	74
— —, ungelöste Fragen, sowohl quantitativ wie qualitativ	32		
— -Wirkung, spezif.-dynam., ein Märchen	72	„Fließgleichgewichte"	63, 88
— —, eine Abwehrreaktion	72	Frisch-Getreidebrei-Produkte	20, 91
Erbanlagen und Lebenserwartung	84		

SACHVERZEICHNIS

Frischschrot-Gericht 51
Fruchtbarkeit und Spurenelemente 47

Gärung 57
Gebiß, einwandfreies als Gesundheitsmaßstab 72
— -Verfall 7, 81, 87, 88, 95
— — und Verhütung durch vollwertige Getreidebreie 54
Geist 15
Gelenkerkrankungen 63
Gleichgewichtsdiät sagt nichts Sicheres über Vollwertigkeit 71
Gleichgewichte des Stoffwechsels auf verschiedenen Stufen möglich 70
Gene, ihre Ernährung 46
Generationen, ihr Verfall in der Zivilisation 48
Gerstenschrot-Brei, als Frühstück der alten Griechen 92
Gesetz, biotisches 13
Gesundheit (nach HIPPOKRATES) 52
— und langes Leben 29, 84
— lernt man noch nicht 80
— und Preise der Nahrung 47
— und Vollnahrung 66, 97
— und Wirtschaft 46
— erhaltung durch Pflanzenkost 8, 70
Gesundheitsbedarf 65
— lehre 16
— zustand der Bevölkerung verschlechtert sich 87
— und Gebiß 72
Geschwülste 16
Getreide, dessen Entkeimung 80
—, vermehrte Körnerbildung 90
— und Mensch, eine Lebensgemeinschaft 91
— und deren optimale Nutzung 91
— und Tiefpflanzung 90
— -korn „modernisieren" 99
— -körner, roh gegessen 21
— -Kost, vollwertige und deren biotische Wirkung 40
— -körner enthalten „undefinierte Wachstumsfaktoren" (U.G.F.), in der Tierernährung unentbehrlich, beim Menschen noch nicht anerkannt (s. Anhang I) 99
— -schrot, vollwertiger, schützt vor Gesundheitsverfall 19, 48
—, bestes Mittel für Gesundheit 43, 44
—, auch große Mengen führen nicht zu Fettansatz (s. Mesotrophie) 100
Gewebsatmung und Kettenreaktionen von Redox-Prozessen 66
Gewebsstoffwechsel, unspezifisch 62
Gewichtskurven, „horizontale" bei Mesotrophie-Kost 33
Gewohnheiten, fehlerhafte, wirken seuchenartig 14, 80
Gleichschaltung, geistige 46
Gicht 16
Gonorrhoe 63

Goralen, die, Volksstamm in den Karpathen 21
Grauer Star 36
Grenzen für die menschliche Technik 13
Großküchen 46

Haferschrot 21
Hafer, gequetscht 49
„Halbernährung"-Mesotrophie 36
„Handeln ohne Denken" 46
Heeresverpflegung in Deutschland 1914 28
— in Japan um 1900 28
Hefefabriken 90
Hefezellen im Blut 22
Heildiät, natürliche (Miss HARE) 22
— — nach BIRCHER-BENNER 49
Heilkunde, ihre notwendige Einheit 63
—, ihre Unvollkommenheit 14
— -mittel, spezifische 14
Heparin 65
Hepatitis epidemica 63
Herzkrankheiten 16, 81, 86
Hilfsmittel des Lebendigen 8
Hirsebrei der Spartaner 92
Homologie von Tier und Mensch 16
Hunger 17, 75
— -blockade 28
— und Durst-Versuch 45
Hygiene, Lehrbuch der (KOLLATH) 73
Hypertrophie 16

„Individualistik" 15
Individuelles, dessen Nichtbeachtung 15
Industrienahrung 46
Infektion, fokale 49
„Information", ihre Gefahr 11
„Innere Selbstversorgung" 34, 40
Isotopen, radioaktive 97

Kalkablagerungen 95
Kalorienlehre 26
Kartoffelstärke, rohe 19
Katarakt 53
Katzenversuche mit Milchprodukten 66
—, zunehmende Degeneration 66
Kauen, seine Bedeutung 13
—, sein Fortfall 24
—, als physikalischer Prozeß 19
Keime des Getreides als Tierfutter 80
Keratomalakie 29, 75
Klima, Käfig 53
Kochsalz-Freiheit 49
—, Empfehlung 50
Körper, bekleideter, lebt in einem Wüstenklima 73
Kohlehydrate 15
Kollath-Frühstück 20, 21, 51, 53
Kommißbrot 28
Kondensmilch 66
Kost, alkalotische 53
— — und Mesotrophie 53

—, acidotische 53
—, gemischte 19
Kranke, der — als Wirtschaftsfaktor 87
Krankheiten, anthropogene 91
— als individuelles Geschehen 29
—, natürliche 77, 91
—, weltweite 88
Krankhaftes, sein Werden 75
Krebs 62, 81
— -Coli 59
— -Forschung 52
— -Sterblichkeit 86
— -Stoffwechsel 57
Kreislauf-Krankheiten 16, 81
— des Lebens 67
Kühe, ihre Pansenfauna als Quelle
   von tierischem Eiweiß 69
Kulturen, große, nie auf Fleischbasis 53

Laboratoriums-Versuche, deren Grenzen 71
Leben 15
—, erstes, sauerstofffrei 62
—, seine Freiheit gegenüber dem
   Unbelebten 9
—, sein Kampf gegen die Schwerkraft 9
—, sein Kreislauf (MOLESCHOTT) 67
—, Schädigung durch zuwenig und
   zuviel 71
— als unbekannte Größe 15
—, seine Zurücksetzung 9
Lebensdauer und Mangelkrankheiten 76
— erwartung als Auswirkung
   der Erbanlagen 84
— Statistik 83
— —, verlängerte 14, 75, 77, 78, 84
— —, kein Beweis für Gesundheit 42
— — und chronische Krankheiten 42
— — und Mesotrophie 77
— —, bei Männern rückläufig 83, 85
— -kurve 55
— -mittel 10
Lebercirrhose 16, 53
Leukämien 62
Linolensaures Salz 32
Lobby, die sog. — als Schädling 46
Lungenblähung 38
— -emphysem 53
Lymphosarkom 62
Lymphsystem der Darmzotten 22

Magengeschwüre, ihre Entstehung 16, 17
— als Schutzapparat 19
Magnesium und Pellagra 38
Makrobiotik, HUFELAND 9
Mahlzähne, deren Wert 21
Maisstärke 19
Maltase 19
Maltose 19
Malakie, fibroide 39, 41
—, osteoide 41
Mangelkrankheiten, akute, ihr Fehlen
   kein Beweis für vollwertige Nahrung 81

— und Lebensdauer 76
— als Syndrome 28
Maschinen, sind Prothesen des Menschen 46
Massenpsychosen 14
Mast, als Kalorienverlust 90
Maxwellsche Dämonen 9
Medizin, wissenschaftliche 15
— —, Notwendigkeit ihrer
   Neugestaltung 62
Mensch, Anpassung an Technik
   körperlich nicht möglich 93
—, Diener der Natur, nicht Herr 8
— als geistiges Wesen 89
— wird zur Maschinen-Prothese 89
— als Prothesengott 93
—, seine Sonderstellung 15
—, seine Vermassung 73
—, seine Verschiedenheit 73
— als Zerstörer 8
Mesotrophie 7, 36
— und Alterung, pathologische 50
— und Caries 39
— und Ernährung, menschliche 42
— und einseitige Fleischkost 90
— als Gesamtprozeß 42
— im Kindesalter als Rachitis 41
— und verlängerte Lebenserwartung 77
— als Mangelkrankheit, chronische 77
— und Menschheitsgeschichte 81
— und Mesoderm 95
— und Rheuma 48
— als Seuche, künstliche 52
—, ihre Vermeidung 51
—, Versagen der klassischen Vitamine 44
— und Wehrtauglichkeit 87
— und Zwergwuchs bei jungen Ratten 42
— -Forschung, neues Gebiet 95
— -Kost, chronische, Diät 18 a 74
— -Methodik, ihr Nutzen für die
   Forschung 52
— -Versuche, ihre Bedeutung 93
— — und Versuchsalter der Ratten 40, 41
Milch, denaturierte und Degeneration
   bei Katzenversuchen 66
—, unveränderte, als Zugabe zur
   ersten synthetischen Diät 27
— -Konserven und Lysinmangel 67
Mineralgemisch, hochwertiges 39
Mißbildungen 16
Moleküle, einzelne 48, 64
— — und Leben, nach JORDAN 77
Möller-Barlowsche Krankheit 28
Moorleichenfunde 92
Motilität des Magens, psychische Einflüsse 26

Nahrung, ihr biologischer Wert 70
—, Denaturierung der 83
—, denaturierte und Störung des
   Pflanzenwuchses 66
—, flüssige passiert den Magen 21
—, so natürlich wie möglich 96
—, synthetische, ihre Produktion
   und Prüfung 91